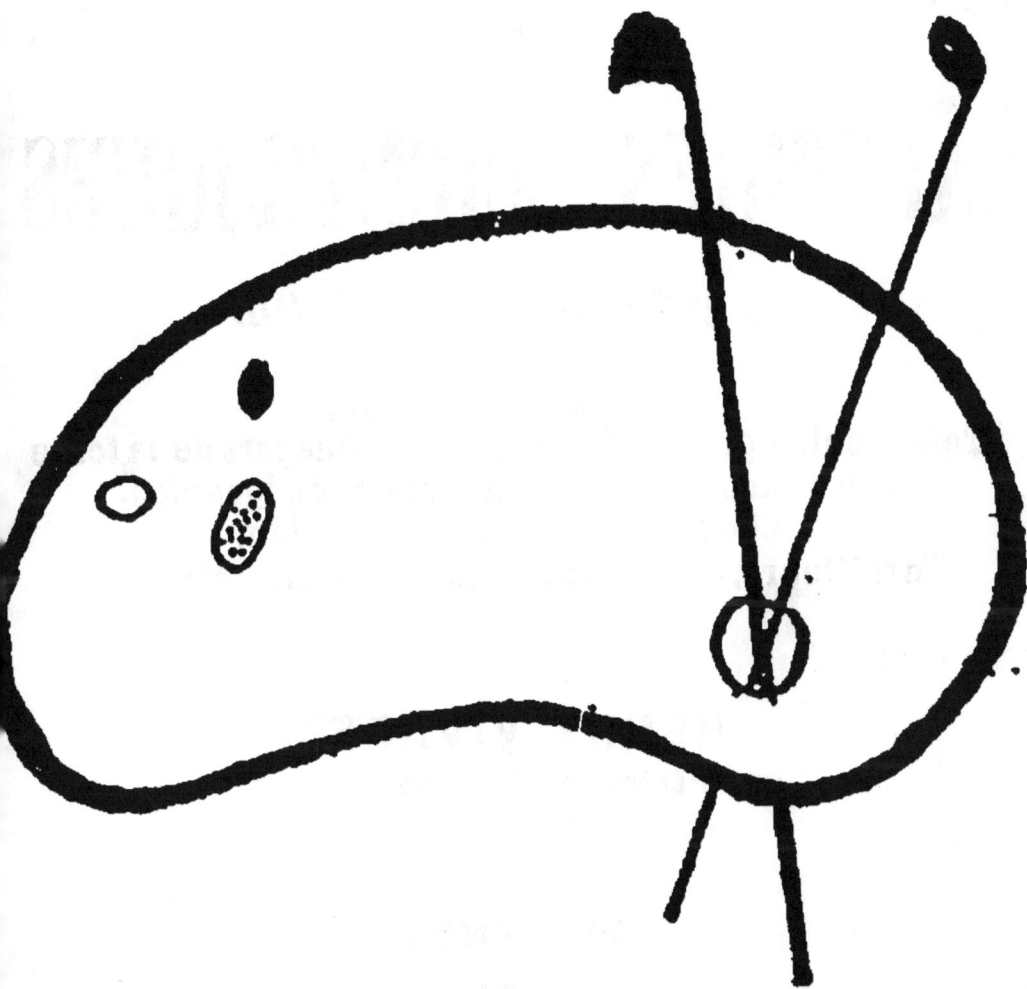

DEBUT D'UNE SERIE DE DOCUMENTS
EN COULEUR

Le Mouvement Scientifique et Industriel

EN 1885

CAUSERIES SCIENTIFIQUES

DU JOURNAL *LA GIRONDE*

Lumière électrique.
Téléphonie à grande distance. — Transport de la force
par l'Électricité. — Aérostats dirigeables.
Chemin de fer Métropolitain.
Torpilleurs, — Navigation sous-marine, etc., etc.

PAR

HENRY VIVAREZ

ANCIEN ÉLÈVE DE L'ÉCOLE POLYTECHNIQUE

1re ANNÉE

PARIS

LIBRAIRIE CENTRALE DES SCIENCES

MATHÉMATIQUES, PHYSIQUE, CHIMIE, ÉLECTRICITÉ, ETC.

J. MICHELET

25, Quai des Grands-Augustins (près le pont Saint-Michel)

1886

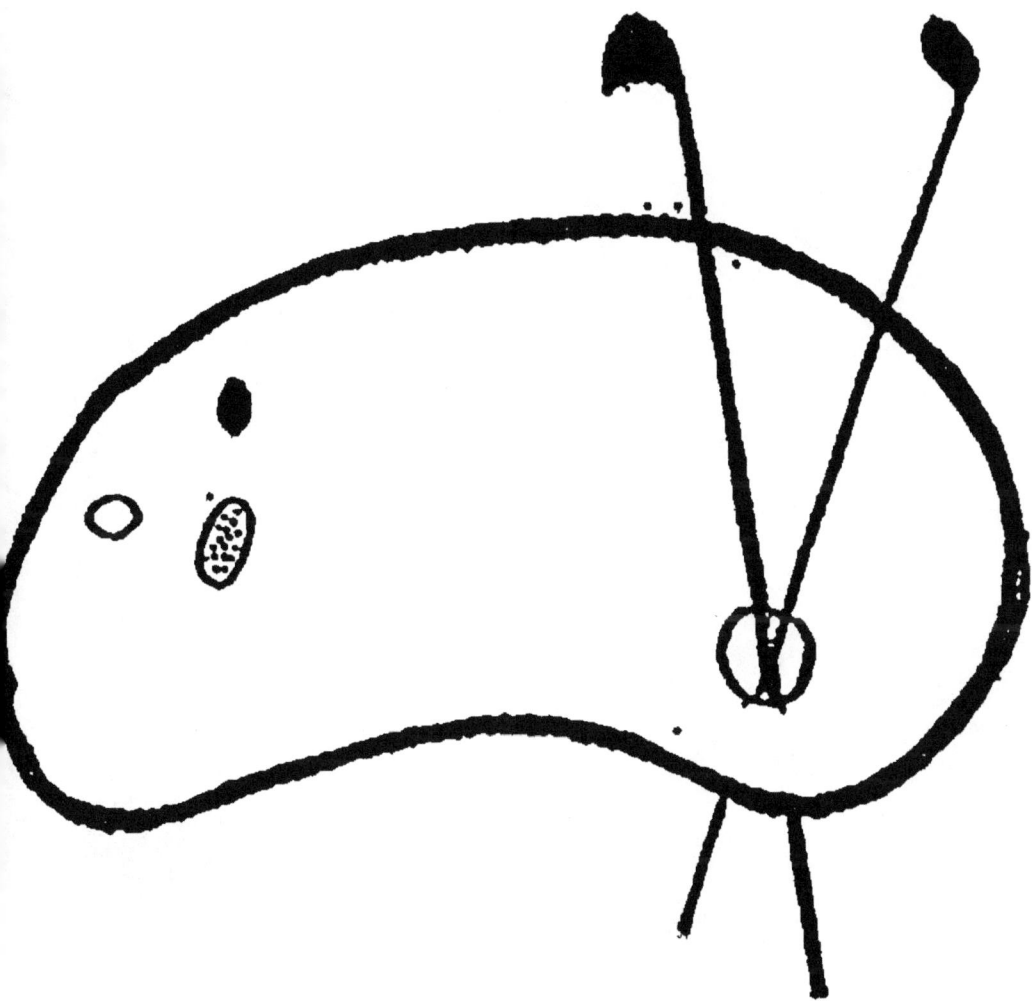

FIN D'UNE SERIE DE DOCUMENTS
EN COULEUR

LE MOUVEMENT SCIENTIFIQUE

ET

INDUSTRIEL

Le Mouvement Scientifique et Industriel

EN 1885

CAUSERIES SCIENTIFIQUES

DU JOURNAL *LA GIRONDE*

Lumière électrique.
Téléphonie à grande distance. — Transport de la force
par l'Électricité. — Aérostats dirigeables.
Chemin de fer Métropolitain.
Torpilleurs. — Navigation sous-marine, etc., etc.

PAR

HENRY VIVAREZ

ANCIEN ÉLÈVE DE L'ÉCOLE POLYTECHNIQUE

1re ANNÉE

.PARIS

LIBRAIRIE CENTRALE DES SCIENCES

MATHÉMATIQUES, PHYSIQUE, CHIMIE, ÉLECTRICITÉ, ETC.

J. MICHELET

25, Quai des Grands-Augustins (près le pont Saint-Michel).

1886

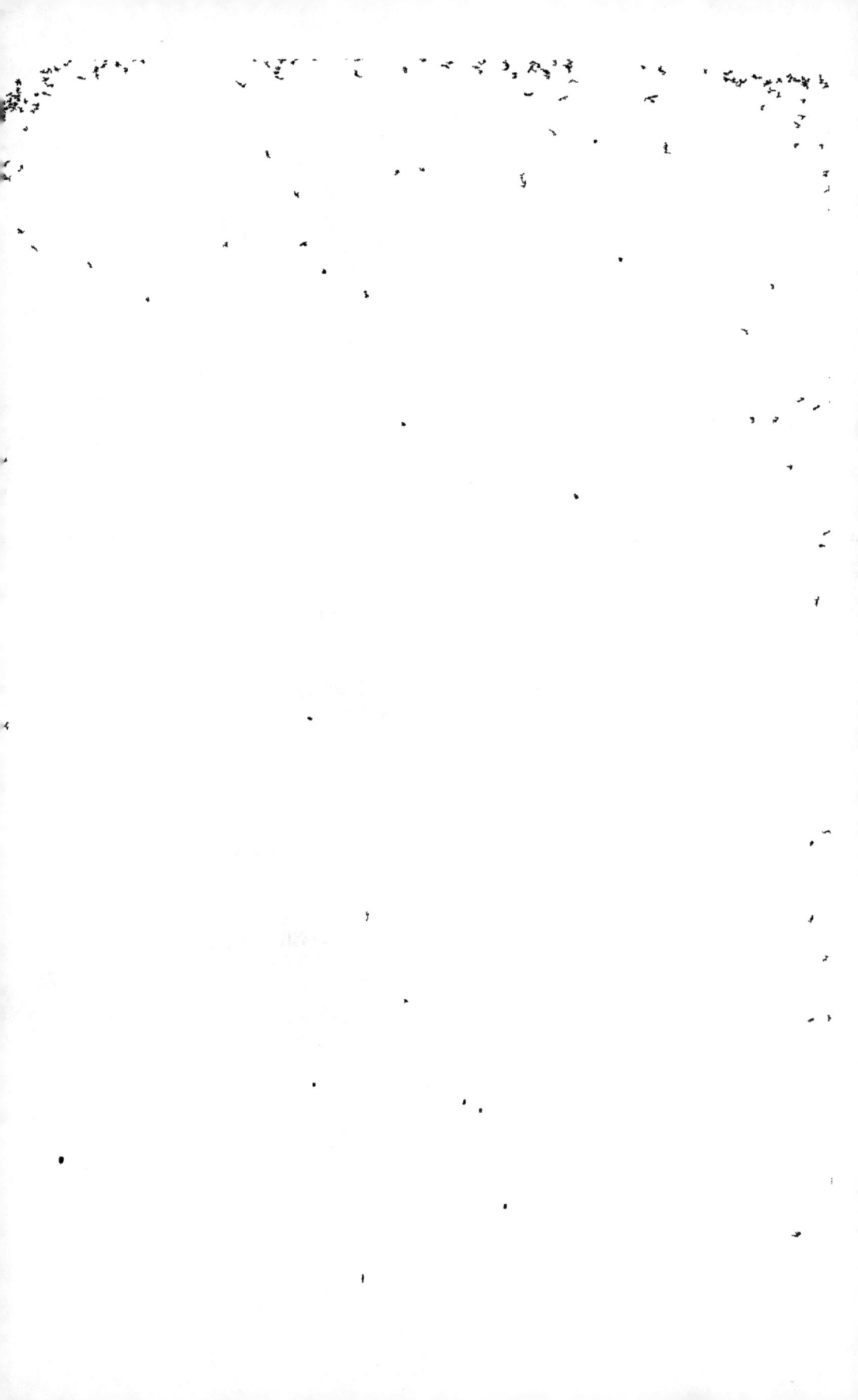

A M. JULES CHAPON

DIRECTEUR DE *LA GIRONDE*

HOMMAGE RESPECTUEUX

Henry VIVAREZ

AVIS AU LECTEUR

Ce petit livre a pour but d'exposer les nouvelles découvertes et les travaux les plus intéressants dont la connaissance est devenue indispensable à tout esprit cultivé, il permettra aux gens du monde de se mettre rapidement au courant de ce qui se dit et se fait aujourd'hui dans le domaine scientifique si vaste, et chaque jour plus étendu; chaque branche pourra ensuite être développée au moyen de *Traités* spécialement consacrés à chacune d'elles.

Nous ne nous sommes occupé que des questions les plus importantes, afin d'éviter de tomber dans des redites qui finissent par fatiguer l'attention du lecteur, et nous avons laissé à chaque sujet son caractère d'actualité.

A partir de l'année prochaine, le *Mouvement scientifique et industriel* paraîtra régulièrement dans le courant de janvier.

Nous aurons atteint le but que nous nous sommes proposé, si ce livre peut contribuer à répandre dans le public le goût de la science, et l'engager à laisser de côté cette littérature malsaine qui ne fait trop souvent qu'égarer l'esprit sans l'instruire.

TABLE DES MATIÈRES

LE
MOUVEMENT SCIENTIFIQUE
ET
INDUSTRIEL

CHAPITRE PREMIER

La presse scientifique. — L'âge de la vapeur et l'âge de l'électricité.— Rien ne se perd, rien ne se crée.— Le principe de la conservation de l'énergie. — Transformation des forces. — Le mouvement perpétuel.

Nous vivons à une époque où le public, avide d'actualités, curieux jusqu'à l'indiscrétion, impatient et insatiable, auquel il faut du nouveau, n'en fût-il plus au monde, veut tout apprendre et tout connaître.

Sous ses formes diverses, réalisant avec usure la métaphore de l'antiquité, qui donne cent bouches à la renommée, la presse, rendue accessible aux bourses les plus modestes, débarrassée de toute entrave, satisfait à cette curiosité incessante et devient ainsi l'organisme le plus puissant des sociétés modernes.

En même temps, elle étend son champ d'action, aborde tous les sujets, mêlant le grave au doux, le plaisant au sévère, et répand à l'infini, en les démocratisant, au vrai sens du mot, les connaissances les plus variées.

Prenant sa part dans l'œuvre de vulgarisation scientifique commencée par les livres, les recueils spéciaux et même le théâtre, elle a inauguré, timidement d'abord, puis d'une manière assurée et constante, le système des chroniques et des causeries scientifiques qui répondent actuellement au désir d'un nombre croissant de lecteurs.

La science pénètre en effet, de plus en plus profondément, par ses applications diverses, dans la vie domestique et intime de chacun, du plus humble comme du plus élevé, et il n'est pas de jour où quelque fait nouveau, quelque expérience piquante dont on entrevoit la portée pratique, ne vienne éveiller l'attention publique.

C'est un phénomène astronomique ou météorologique, une ascension aérostatique, un fait de guerre qui met en évidence un engin nouveau, un essai électrique; c'est à chaque instant, en un mot, quelque chose d'imprévu qui surgit dans l'ordre technique et qui, par ses conséquences probables, mérite, à côté de l'annonce sèche et brutale du fait matériel, un commentaire familier exempt de pédanterie et de mots sonores, une de ces leçons de choses qui tiennent aujourd'hui une si large place dans l'enseignement élémentaire.

Cet enseignement au jour le jour, en quelque
sorte, est devenu nécessaire par suite de la merveilleuse floraison scientifique qui sera la caractéristique de notre temps.

Avant la Révolution française, les connaissances
humaines n'étaient que dans la phase philosophique
et théorique de leur évolution, et leurs applications
pratiques ne comportaient guère que des rudiments.
Les industries mécaniques, encore privées de leur
auxiliaire principal, la vapeur, se réduisaient à quelques appareils simples; l'électricité, tout entière, à
quelques expériences élémentaires et purement
amusantes.

Et voilà qu'en moins de cinquante années, sous
l'impulsion des idées nouvelles qui ont rendu tout
accessible à tous, la navigation à vapeur, les chemins de fer, la télégraphie, l'éclairage au gaz, la
photographie et tant d'autres inventions, sont venus
compléter la révolution politique par une révolution économique et sociale, qui a mêlé les peuples,
fusionné les idées, et, par un échange plus rapide de
la pensée, élève la puissance humaine en rendant
notre monde à la fois plus petit et mieux connu.

C'est surtout dans la période à laquelle nous appartenons que les découvertes se précipitent. Si la première moitié du siècle mérite le nom d'âge de la vapeur, ce temps méritera certainement celui d'âge de l'électricité.

Les principes révélés par Ampère, Œrstedt, Ohm, Pouillet et tant d'autres physiciens illustres datent de bien des années déjà; mais leur application aux usages industriels et domestiques date d'hier, et nous voyons se développer sous nos yeux l'emploi, chaque jour plus général, de ce serviteur merveilleux qui se plie avec docilité à tous les besoins, donne la lumière, produit et transporte la force, détermine les décompositions chimiques, transmet la voix humaine, et qui résoudra sans doute avant longtemps le grand problème de la navigation aérienne.

Ce développement extraordinaire des applications scientifiques est le résultat de la diffusion des connaissances, de leur accession rendue possible à tous. Il est facilité par l'accroissement du nombre des chercheurs et par la richesse toujours plus grande des matériaux qui servent de base à leurs études.

Il est aussi le fruit, il ne faut pas l'oublier, de l'esprit de méthode, inspiré par des principes supérieurs, qui a guidé les efforts des savants et, pour ainsi dire, canalisé leurs recherches.

Le plus philosophique de ces principes primordiaux est dû à l'illustre chimiste Lavoisier, qui formula pour la première fois, d'une manière précise et concrète, certaines idées de l'antiquité et affirma que dans la nature *rien ne se perd, rien ne se crée, tout se transforme.*

C'est la loi de l'unité des forces naturelles, de la rénovation éternelle qui arrachait au poète des nuits ce cri désespéré :

Puisque jusqu'aux rochers tout se change en poussière,
Puisque tout meurt ce soir pour renaître demain,
Puisque c'est un engrais que le meurtre et la guerre,
Puisque sur une tombe on voit sortir de terre
Le brin d'herbe sacré qui nous donne le pain,
....
O muse, que m'importe ou la mort ou la vie !

Elle a été formulée plus récemment par Helmholtz, et il ne déplaît pas à notre patriotisme de voir que le savant allemand a suivi les traces du grand chimiste français. Connue sous le nom de *principe de la conservation de l'énergie*, elle exprime qu'il existe dans l'univers une somme totale d'énergie, de force, qui demeure toujours constante. Ses variations apparentes ne sont que de simples modifications, des changements de forme, qui font naître de la chaleur là où il y a suppression de mouvement, qui identifient et assimilent à des mouvements vibratoires la lumière, la chaleur et le son.

Nous aurons à rappeler fréquemment cette formule fondamentale qui domine de toute sa hauteur et éclaire, comme un phare, l'horizon si étendu de la science moderne.

Les transformations de l'énergie s'opèrent autour de nous d'une façon permanente, les unes par le cours naturel des choses, les autres par la volonté de l'homme, auquel elles sont nécessaires. Toutes, elles prennent leur origine dans l'action du soleil, qui est le régulateur de notre système.

Le charbon, pour citer d'abord le plus actif et le plus utile des agents de transformation de force, n'est en somme que de l'énergie accumulée sous une forme spéciale par la lente dissociation des éléments constitutifs du bois. Les forêts gigantesques de l'époque carbonifère, écloses sous l'action d'une végétation énergique, sous les rayons d'un soleil plus ardent qu'il ne l'est aujourd'hui, soumises ensuite à une décomposition complète, ont produit ces couches de houille qui fournissent le générateur ordinaire des forces mécaniques. Cette chaleur que le soleil a employée à faire sortir de terre et à développer la végétation houillère, ce calorique latent pendant des siècles dans les entrailles de la terre, nous le retrouvons lorsque le charbon brûle dans un foyer ou sur la grille d'une chaudière. Il transforme l'eau en vapeur qui, par son action sur des organes appropriés, produit le mouvement et la force.

Utilisés directement, dans certains cas particuliers, les rayons solaires, concentrés sur une chaudière, peuvent porter l'eau à l'ébullition et fournir la vapeur à un mécanisme. Tel est le principe du moteur solaire Mouchot.

C'est encore le soleil qui détermine le mouvement des eaux à la surface du globe. Ce sont ses rayons qui vaporisent l'eau des mers et forment les nuages qui se résolvent en pluies, donnent naissance aux neiges et aux glaciers qui couronnent les hauts sommets, et sont l'origine de la circulation des torrents, des rivières et des fleuves.

Ce mouvement des eaux donnera à son tour, lorsqu'il aura été recueilli par des roues hydrauliques ou des turbines, la force motrice aux usines établies dans le voisinage des cours d'eau.

Les marées, produites par l'attraction combinée du soleil et de la lune, se prêtent également à une transformation analogue.

Enfin, l'on connaît de toute antiquité les moulins à vent et leur usage.

Le mouvement, à son tour, absorbé par divers transformateurs, produira, à la volonté de l'expérimentateur, un courant électrique qui deviendra à son gré lumière, chaleur, magnétisme, décomposition chimique.

Nous vivons donc dans un cycle d'actions et de réactions perpétuelles qui modifient sans cesse les manifestations diverses de l'énergie, suppriment les unes aux dépens des autres et sont emportées dans un tourbillon incessant qui détruit et recompose sans trêve. Toutes les inventions humaines ne sont que des adaptations spéciales des agents naturels, et il n'est pas étonnant que ce principe fécond ait produit, à côté des plus admirables conceptions, des erreurs capitales parmi lesquelles la recherche du mouvement perpétuel est la plus fréquente.

Partant de ce fait que rien ne se perd, un nombre toujours croissant d'esprits faux ont poursuivi et poursuivent cette chimère.

Au moyen âge, à une époque de superstition et de croyance au surnaturel, ces chercheurs maladifs eussent rêvé la découverte de la pierre philosophale et le secret de la jeunesse éternelle. De notre temps, forts d'une vérité scientifique mal interprétée, ils poursuivent l'éternité du mouvement sans comprendre que le problème est décevant, qu'une forme de l'énergie ne se reproduit jamais intégralement d'elle-même, qu'il y a toujours une perte due aux frottements, aux dégagements de chaleur..... Mais pourquoi combattre une telle utopie? Il y aura toujours des imaginations rétives à tout raisonnement, et la preuve est faite pour tous les esprits droits.

N'imitons pas Don Quichotte dans sa lutte inutile contre les moulins.

Nous avons voulu, dans cette première Causerie, rappeler les vérités premières qui planent au-dessus des recherches scientifiques de toute espèce.

Le lecteur voudra bien accepter ces considérations générales comme préface à nos entretiens futurs.

——————

1.

CHAPITRE II

Les tremblements de terre. — Impression qu'ils produisent
sur l'homme et les animaux. — Fréquence des mouvements du sol. — Causes du phénomène. — Le tremblement de terre de Lisbonne. — Tremblements de terre au
Pérou et au Chili. — Effets remarquables. — Catastrophes
d'Ischia et de Krakatau. — Les tremblements de terre
actuels en Andalousie. — Les prédictions du capitaine
Delauney. — Il n'y a rien de nouveau sous le soleil.

L'année 1884 aura été féconde en désastres de
toute espèce. Elle a vu s'abattre sur l'Europe latine
une épidémie meurtrière, une crise industrielle et
commerciale sans précédents. Et elle s'est éteinte
dans un pays voisin et ami, au milieu des convul-
sions du sol et au bruit lugubre des tempêtes souterraines.

C'est le 25 décembre, jour de Noël, au moment
où les populations étaient en fête, que les premières
secousses sont venues remplacer la joie par la ter-
reur et le deuil. Et, depuis, elles n'ont cessé de se
produire, complétant leur œuvre de destruction,

ajoutant des ruines aux ruines et réduisant à la dernière misère tout un peuple décimé.

*
* *

Il faut la plume éloquente de l'illustre de Humboldt pour décrire l'impression terrible que produit ce redoutable phénomène : « Ce qui nous saisit,
» dit-il, c'est que nous perdons tout à coup notre
» confiance innée dans la stabilité du sol. Dès notre
» enfance, nous étions habitués au contraste de la
» mobilité de l'eau avec l'immobilité de la terre. Le
» sol vient-il à trembler, ce moment suffit pour
» détruire l'expérience de toute la vie. C'est une
» puissance inconnue qui se révèle tout à coup ; le
» calme de la nature n'était qu'une illusion, et nous
» nous sentons rejetés violemment dans un chaos de
» forces destructives. Alors, chaque bruit, chaque
» souffle d'air attire l'attention ; on se défie surtout
» du sol sur lequel on marche. Les animaux, surtout
» le porc et le chien, éprouvent cette angoisse. Les
» crocodiles de l'Orénoque, d'ordinaire aussi muets
» que nos petits lézards, fuient le lit du fleuve et
» courent en rugissant vers la forêt.
» Un tremblement de terre se présente à l'homme
» comme un danger indéfinissable, mais partout
» menaçant. On peut s'éloigner d'un volcan, on

» peut éviter un torrent de lave, mais quand la
» terre tremble, où fuir ? Partout on croit marcher
» sur un foyer de destruction. Heureusement, les
» ressorts de notre âme ne peuvent rester ainsi
» tendus pendant bien longtemps, et ceux qui habi-
» tent un pays où les secousses sont faibles et se
» suivent à de courts intervalles éprouvent à peine
» un sentiment de crainte. Sur les côtes du Pérou,
» le ciel est toujours serein, on n'y connaît ni la grêle,
» ni les orages, ni les redoutables explosions de la
» foudre ; le tonnerre souterrain qui accompagne
» les secousses du sol y remplace le tonnerre des
» nuées. Grâce à une longue habitude et à l'opinion
» très répandue qu'il y a seulement deux ou trois
» secousses désastreuses par siècle, les tremble-
» ments de terre n'inquiètent guère plus à Lima
» que la chute de la grêle dans la zone tempérée. »

*
* *

Les tremblements de terre violents entraînant de
véritables catastrophes ne se produisent heureusement qu'à de certains intervalles. Mais le sol sur
lequel nous vivons est soumis à des trépidations
incessantes, perceptibles seulement à l'aide d'appareils délicats, et le plus souvent insensibles à nos
organes. Et comment pourrait-on concevoir qu'il

en fût autrement, si l'on songe à ce qu'est l'écorce terrestre, que nous nous représentons inconsciemment comme l'image de la stabilité absolue ? Une mince pellicule, ayant une épaisseur à peine égale à 3/1000 du rayon de la terre, plus fine par conséquent que la peau d'une pomme par rapport au fruit lui-même ! Et, au sein de cette enveloppe fragile, une masse de matières en fusion, sans cesse en mouvement, soumise à de véritables marées sous l'influence du soleil et de la lune, brassée par un jeu incessant de décompositions et de recompositions chimiques, agitée par des tempêtes violentes.

Telle est la cause la plus vraisemblable des tremblements du sol, presque toujours intimement liés à des éruptions volcaniques. Souvent aussi ils résultent de tassements et d'effondrements du sol indépendants de l'action de la lave souterraine. Ils se manifestent surtout, comme on le sait, dans les régions montagneuses et volcaniques, et nous devons nous féliciter que notre cher pays ait toujours échappé à leurs redoutables effets.

*
* *

Parmi les nombreux tremblements de terre dont l'histoire a enregistré le souvenir, l'un des plus terrifiants est celui qui commença, le 1er novembre

1755, à Lisbonne. Cette convulsion effroyable eut son contre-coup dans l'univers presque entier. Toute l'Europe en ressentit les effets; en Allemagne, des sources thermales furent taries et rejaillirent ensuite en couvrant le pays d'une eau ocreuse. Aux Antilles, la marée, dont la hauteur ordinaire est de 0^m60, s'éleva à une hauteur de 6 mètres et l'eau devint noire comme de l'encre. Dans tout l'Atlantique, une agitation violente se produisit et une vague gigantesque, qui atteignit, dit-on, 18 mètres à Cadix, balaya toute la côte d'Espagne. Le mouvement du sol fut sensible jusque dans le Canada.

A Lisbonne même, centre de l'action principale, la terrible catastrophe éclata soudainement, sans qu'aucun symptôme précurseur en eût fait soupçonner l'imminence. En six minutes, la ville fut renversée et 60,000 personnes ensevelies sous ses décombres. On peut difficilement imaginer l'affolement de la population pendant ces six minutes horribles. Une foule considérable s'était réfugiée sur un grand quai en marbre nouvellement édifié. Soudain le quai s'effondra et disparut sous les eaux avec d'innombrables victimes dont les cadavres ne furent jamais retrouvés. Plusieurs bâtiments sur lesquels un grand nombre de personnes avaient cherché un refuge furent également engloutis et ne laissèrent surnager aucun débris.

La mer se retira et puis revint, avec furie, en une vague de 15 mètres de hauteur qui se précipita sur le rivage. Les plus hautes montagnes du Portugal furent ébranlées sur leurs bases.

***

Ce tremblement de terre avait eu des précurseurs, peu d'années auparavant, au Pérou et au Chili.

Le premier fut remarquable par sa violence. Le 28 octobre 1746, dans les vingt-quatre heures, 200 secousses agitèrent le sol. Par deux fois, la mer battit le rivage comme un formidable bélier. Lima fut détruite ainsi que la plupart des ports de la côte. A Callao, 19 navires furent coulés, et quatre autres, dont une frégate, furent transportés dans l'intérieur des terres. En même temps, comme pour compléter l'horreur de la situation, quatre volcans couvrirent le pays de leurs laves.

Je ne sais si c'est au tremblement de terre qui eut lieu au Chili en 1751, ou à l'un de ceux qui suivirent, qu'il faut attribuer un effet singulier qui se produisit à Valparaiso. Le fait est cité par M. le comte de Robiano, qui a rempli dans ce pays des fonctions diplomatiques. Pour être étonnant, il n'est pas absolument invraisemblable. Une frégate an-

glaise, surprise par un tremblement de terre, fut
rejetée à la côte par une vague énorme, et à moitié
engloutie dans une falaise. La mer s'étant retirée,
le vaisseau resta suspendu et, paraît-il, il existe
encore dans le même état. La partie qui émerge a
été transformée en un chalet verdoyant et forme un
balcon, servant de café, où l'habileté d'un industriel s'exerce aux dépens de la curiosité des visiteurs.

L'énumération serait longue à faire des tremblements de terre qui ont épouvanté le monde. Celui
qui eut lieu en Calabre, en 1783, fit sentir ses secousses pendant quatre années; elles ne cessèrent
qu'à la fin de 1786. Il causa la mort de 60,000 personnes, dont 20,000 succombèrent par l'effet des
épidémies, des intempéries et de la misère, cortège
habituel de ces terribles fléaux. Le récit que le géologue Dolomieu a laissé du voyage qu'il fit à Mes-
sine à cette époque, est absolument terrifiant.

*
* *

Si nous franchissons rapidement les années qui
nous rapprochent de l'époque contemporaine, sans
nous arrêter aux nombreux tremblements de terre
que le dix-neuvième siècle a vus se succéder, nous
arrivons à l'année 1883, et aux deux catastrophes
d'Ischia et du détroit de la Sonde

Le tremblement de terre d'Ischia (28 juillet 1883)
s'est produit dans une région volcanique fréquemment minée par les actions souterraines. La nature
spéciale de la région est mise en évidence par
maints phénomènes : solfatares et production incessante de soufre, eaux thermales, émanations
sulfureuses et carboniques, telles que celle de la
grotte du Chien, éruptions volcaniques. L'île d'Ischia est sortie des eaux sous la poussée intérieure.
Elle est formée par un massif dont le point culmi-
nant est le cratère de l'Epomeo, dont les périodes
d'activité alternent avec celles du Vésuve.

Depuis de longues années, l'Epomeo semble
éteint, et la fermentation interne ne se manifeste à
Ischia que par 30 ou 40 sources qui contribuent à
faire' de cette île une station thermale très fréquentée.

Les tremblements de terre qui l'ont ravagée à
diverses époques n'ont jamais eu une portée très
lointaine. Ils résultent certainement des efforts que
font les gaz pour s'échapper du sol, efforts qui produisent des secousses verticales et de véritables
écroulements.

La statistique du tremblement de terre d'Ischia
vient d'être tout récemment publié. Elle accuse un
nombre total de 3,075 victimes dont ' 2,313 morts.
A Casamicciola, le cinquième des maisons seule-

ment est resté debout, une seule est restée intacte.
Sur 672 habitations, 537 ont été détruites de fond en
comble, et sur 4,300 habitants, 1,784 ont été tués.

*
* *

Un mois après, se produisait le tremblement de
terre du détroit de la Sonde, entre Sumatra et
Java, dont l'île et le volcan de Krakatau furent le
centre.

Sur un rayon de 90 kilomètres, toutes les côtes
des deux grandes îles ont été littéralement rasées
par des vagues énormes de 35 mètres de hauteur
qui se sont précipitées sur la rive et l'ont ravagée
sur une profondeur variant de 1 à 10 kilomètres;
40,000 personnes ont trouvé la mort dans ce désastre.

En même temps que se produisait ce phénomène
meurtrier, le volcan lançait une boue puante et un
véritable déluge de pierres ponces dont la mer a été
couverte, et dont on a trouvé des débris à l'île Bourbon, c'est-à-dire à une distance de plus de 1,200
lieues. Des détonations formidables se firent entendre, semblables à des décharges d'artillerie. L'illusion fut telle, qu'en différents points de Java, les
commandants militaires crurent à une attaque des
Atchinois et mirent leurs postes sous les armes. Ces
détonations furent entendues jusqu'à Saïgon.

L'ingénieur hollandais chargé par son gouvernement de faire un rapport sur cette catastrophe évalue à 3,300 kilomètres le rayon sur lequel ont été
entendues les explosions. C'est le quinzième de la surface totale du globe. Le volume des cendres rejetées
par le volcan aurait été de 33 kilomètres cubes.

*
* *

Les tremblements de terre qui viennent d'exercer
leurs ravages en Espagne ne paraissent pas dus à
des causes éruptives. A défaut d'une étude complète, qui sera certainement publiée ultérieure-
ment, nous avons des renseignements précis re-
cueillis par M. Noguès, ingénieur français établi à
Séville.

Les premières secousses ressenties dans cette
ville se sont produites le jour de Noël, à neuf heures
moins sept minutes. Elles ont duré sept à huit
secondes et ont été suivies d'une autre série de
secousses qui ont duré cinq à six secondes.

La population, tout entière au plaisir ou à la dé-
votion, s'est précipitée hors des maisons, des théâtres et des églises.

Avant et pendant le phénomène, des bruits sou-
terrains formidables s'étaient fait entendre dans les
montagnes. Mais les gens du pays n'y prirent pas

garde, les attribuant à des coups do canon tirés à
Gibraltar. Ces bruits s'accentuèrent à partir du
22 décembre. On constata uné énorme dépression
barométrique avant les premières secousses.

Plus violent que le tremblement de terre de 1783,
il a cependant épargné les admirables monuments
que l'art mauresque a légués à l'Espagne. Malgré
le bruit qui en avait couru, ni la Giralda de Séville,
ni l'Alhambra de Grenade, ni la Mosquita de Cor-
doue, n'ont éprouvé de dégâts. Mais les victimes
sont nombreuses, ainsi que les villages détruits.

Le phénomène a eu son maximum d'intensité dans
la province de Malaga, il s'est fait sentir violemment
en Andalousie et s'est étendu sur une région considérable jusqu'à Madrid au nord, jusqu'à Badajoz à
l'ouest, à l'est jusqu'à Almeria.

Une commission nommée par le ministre de l'instruction publique s'est rendue en Espagne pour en
étudier les causes et en faire connaître les effets.

*
* *

Il peut paraître assez inutile, pratiquement, de
prédire la date des tremblements de terre, puisqu'on
n'en peut fixer l'heure certaine et que, même averti,
l'homme chercherait en vain à se soustraire à leur
action brutale et instantanée.

Le problème a cependant tenté plusieurs savants, et les prédictions du capitaine Delauney ont eu un certain retentissement dans la presse quotidienne.

M. Delauney attribue les grandes perturbations météorologiques et autres au passage périodique des grandes planètes de notre système à travers les essaims cosmiques qui peuplent l'espace.

Il serait trop long et par trop abstrait de donner ici l'analyse, même succincte, des idées de M. Delauney. Ceux de nos lecteurs qui voudraient approfondir la question pourront consulter son mémoire sur les *Lois des grands tremblements de terre* (1).

*
* *

Il nous resterait, pour épuiser notre sujet, à indiquer le principe des appareils, dits *sismomètres*, qui revèlent les trépidations du sol. Nous pouvons le faire en quelques mots en décrivant sommairement, d'après le journal anglais *Nature*, un ancien sismomètre chinois inventé en l'an 136 de notre ère par un physicien nommé Chioko. Ce qui est singulier, c'est que cet appareil, imaginé à une époque où l'Europe était en pleine barbarie, repose sur les mêmes principes que les sismomètres modernes. Il est formé d'une sphère en cuivre surmontée d'un

(1) L. Vanier.

goulot, dans l'intérieur de laquelle est suspendue une tige qui peut occuper huit positions différentes. Sur la circonférence du vase se trouvent huit têtes de dragons contenant chacune une boule. En face des huit têtes de dragons sont placées autant de grenouilles bouche béante. Une secousse vient-elle à se produire, la tige s'engage dans l'une des têtes de dragon et chasse la boule dans la bouche de la grenouille correspondante. On connaît ainsi l'orientation de la secousse.

La chose est vraiment curieuse, et n'est-ce pas le cas de répéter, une fois de plus, qu'il n'y a rien de nouveau sous le soleil !

———

CHAPITRE III

L'hiver de 1884-1885. — Le chaud et le froid. — La température et sa mesure. — Le thermomètre. — Les grands
hivers. — Températures extrêmes observées à la surface
du globe. — Le froid de l'espace interplanétaire. — La fin
du monde par le froid.

L'hiver actuel comptera parmi ceux qui ont sévi
avec le plus de rigueur ; non pas à Paris, où la température, quoique assez basse, n'a pas subi de trop
grandes variations, mais dans des contrées que leur
latitude méridionale paraissait devoir mettre à l'abri
des intempéries. C'est ainsi que la neige est tombée
dans le midi de la France et même en Espagne avec
assez d'abondance pour interrompre momentané-
ment les communications par chemin de fer et par
télégraphe, et que plusieurs stations, réputées pour
la douceur de leur climat, ont vu le thermomètre
descendre à des températures inaccoutumées.

Si l'hiver n'a pas été excessif quant à l'intensité
même du froid, il a été, dans l'Europe occidentale du
moins, remarquable par sa persistance et par l'éten-

due superficielle qu'il a affectée. A Paris, le froid
s'est maintenu pendant tout le mois de janvier, avec
un temps sec, entre des limites peu éloignées. La
neige n'est tombée qu'une seule fois, mais elle s'est
conservée sur les toits et dans la campagne jusqu'au
27, jour du dégel définitif.

*
* *

L'invention du thermomètre, c'est-à-dire de l'appareil qui sert à évaluer et à comparer les températures, remonte à peu d'années avant le commencement du XVIIIe siècle. Les anciennes chroniques
ont conservé le souvenir des grands hivers qui ont
affligé l'humanité, mais elles n'ont pu en marquer la
rigueur que par le tableau des misères qu'ils ont en-
traînées à leur suite et par le récit des dégâts produits
par les neiges ou les glaces.

En dehors de ces actions matérielles et de l'impression plus ou moins sensible de l'air et des corps
extérieurs sur les organes de l'homme, nul instrument propre à indiquer la température.

Un bourgeois du vieux Paris pouvait dire : il fait
froid ! en battant la semelle, et son voisin s'écrier :
j'étouffe ! en s'épongeant le front, sans qu'il leur fût
possible de reconnaître immédiatement lequel des
deux faisait exception à la sensation générale.

Ce n'est pas que le thermomètre permette de délimiter le chaud et le froid. Ces impressions sont simplement relatives, comme la plupart de celles que nous éprouvons. Il n'y a pas plus de chaleur et de froid absolus, qu'il n'y a d'objets grands ou petits d'une façon absolue.

Un corps nous paraît grand ou petit parce que nous comparons mentalement ses dimensions à la majorité des corps de même espèce ou à notre taille. Un corps nous paraît froid ou chaud selon qu'il est plus froid ou plus chaud que ceux de nos organes qui sont en contact avec lui..

Une température de 30°, qui nous fait suffoquer au mois d'août, donnerait une sensation de douce fraîcheur aux malheureuses populations qui étouffent et cuisent sur les rivages brûlés de la mer Rouge. Une température de 0°, qui nous fait grelotter, paraîtrait délicieusement chaude à ces héroïques explorateurs qui vont affronter les terribles hivers des régions polaires.

Pourtant, dans le langage courant, cette température de 0° paraît marquer la limite qui sépare la chaleur du froid. Pourquoi? C'est qu'elle correspond à un phénomène spécial : la congélation de l'eau. Pour être plus précis, il vaut mieux dire que la température à laquelle la glace se forme a été prise pour l'origine des degrés thermométriques, de même que

son point d'ébullition a servi à en marquer le cen-
tième degré.

Pour passer de la température de formation de la
glace à celle à laquelle se produit la vapeur, il faut
donc gravir cent échelons égaux. Si l'on voulait se
servir d'une comparaison caractéristique, on prendrait l'exemple d'un homme placé au rez-de-chaus-
sée d'une habitation divisée en quatre étages, séparés les uns des autres par vingt-cinq marches d'escalier. A l'entresol règnerait la température du printemps. Au premier étage, celle des régions équatoriales. Le deuxième pourrait servir aux abonnés du
hamman. Quant au troisième, il ne serait certainement habitable que pour les salamandres. La cave
donnerait les sensations du froid plus ou moins vif,
selon qu'on descendrait un plus ou moins grand
nombre de marches.

Voilà la fidèle image du thermomètre.

*
* *

Il eût été assez difficile de construire cet appareil,
qui nous est familier à tous, si le froid et la chaleur
n'avaient une action spéciale sur tous les corps
solides, liquides ou gazeux. Le premier les contracte,
le second les dilate.

Prenons une barre de fer et chauffons-la, elle aug-

mentera de longueur. La première fois que vous pas-
serez sur une voie de chemin de fer, regardez les
extrémités des rails. Vous verrez que la prudence
des ingénieurs a réservé entre eux un intervalle de
quelques millimètres, qui leur permet de se dilater
à l'aise pendant les chaleurs de l'été.

Cette propriété a été utilisée dans une circonstance devenue classique, pour redresser la façade
d'un édifice qui s'était inclinée d'une façon inquié-
tante. On perça des trous correspondants dans cette
façade et dans le mur opposé, et on les réunit par
de fortes barres de fer solidement scellées dans le
mur de fond. On chauffa ensuite le milieu de ces
barres qui augmentèrent de longueur et dépassèrent
la partie à redresser. On en boulonna les extrémités
à de forts madriers et on laissa le refroidissement
faire son œuvre.

C'est cette propriété générale qui a été appliquée
à la construction des thermomètres, formés, comme
on le sait, d'une petite colonne de mercure ou d'alcool coloré, dont la longueur augmente ou diminue
en même temps que la température. En plongeant
le récipient inférieur dans de la glace fondante, le
niveau descend petit à petit, puis se maintient à un
point auquel on marque 0°. On l'introduit ensuite
dans de la vapeur d'eau bouillante et on marque 100°
lorsqu'il s'est arrêté. L'intervalle est divisé en cent

parties égales qu'on prolonge au-dessous de 0° et au-dessus de 100°.

Tel est le thermomètre Centigrade ou Celsius.

Le thermomètre Réaumur ne diffère du précédent qu'en ce qu'on marque 80° au point d'ébullition de l'eau.

Sur le thermomètre Farenheit, usité principalement en Russie, les températures extrêmes sont marquées 32° et 212°.

*
* *

Ainsi que nous l'avons dit, le souvenir des grands hivers antérieurs au XVIII° siècle, nous a été transmis sans être accompagné d'aucune évaluation précise de la température. Leurs seules caractéristiques sont les malheurs dont ils ont été la cause.

Dans son tableau de Paris, Dulaure cite entre le VIII° et le XVIII° siècle, vingt-trois hivers rigoureux.

Lors de celui de 1408, dans les trois derniers jours de janvier, la Seine, couverte de glaces, emporta le Petit-Pont, ébranla le Grand-Pont (Pont-au-Change); le Pont-Neuf (pont Saint-Michel), bâti en pierre depuis vingt-six ans, s'écroula également. Toutes les maisons qui étaient construites sur ces trois ponts furent entièrement détruites.

Dans les registres du Parlement du 31 janvier

1408, on lit que les membres de cette cour ne se rendirent pas au palais à cause du danger. Le récit naïf de la rigueur du froid mérite d'être cité : « Le » greffier combien qu'il eut pris feu de lez lui en » une pelette pour garder l'ancre de son cornet de » geler, toutes voyes l'ancre se gelloit en sa plume, » de deux ou trois mots en trois mots et tant que » enregistrer ne pouvait, et que par icelles gellées » eussent été gellées les rivières, et en spécial Seine, » tellement qu'on cheminoit et venoit et alloit et » l'on menoit voitures par dessus la glace et que » cusse été si grande abondance de neiges que l'on » eust vu de mémoire d'homme... iceux glaçons par » leur impétuosité et heurt ont rompu les deux pe- » tits ponts et aussi toutes les maisons qui estoient » dessus et qui estoient plusieurs et belles, en les- » quelles habitaient moult menagiers, de plusieurs » estats et marchandises et mestiers, comme tainc- » turiers, escrivains, barbiers, couturiers, esperon- » niers, fourbisseurs, fripiers, tapissiers, chasu- » bliers, faiseurs de harpe, chaussetiers, libraires » et autres... N'y a eu personnes périllées, Dieu » merci. »

L'hiver de 1564 fut très rigoureux :

L'an mil cinq cent soixante-quatre,
La veille de la saint Thomas,

2.

Le grand hyver nous vint combattre,
Tuant les vieux noiers à tas.
Cent ans a qu'on ne vit tel cas:
Il dura trois mois sans lascher,
Un mois outre saint Macthias,
Qui fit beaucoup de gens fascher,

dit Pierre de l'Estoile.

En 1616, le pont Saint-Michel fut détruit par les glaces. Le froid fut si vif que Louis XIII, revenant de Bordeaux, où son mariage fut célébré, et se rendant à Paris avec sa femme, vit périr en chemin une grande partie de son escorte. Sur un seul régiment des gardes, fort de trois mille hommes, plus de mille moururent de froid pendant le voyage.

Les hivers de 1657, 1683, 1709, 1739, 1742, 1762, 1765, 1767 et 1776 furent très vifs; lors de ce dernier, à l'embouchure de la Seine, la glace s'étendait jusqu'à huit kilomètres en mer. En 1788 et 1789, le thermomètre descendit à — 21°,5. La neige s'éleva dans les rues de Paris à une hauteur de 64 centimètres. La température s'abaissa à — 17° à Marseille, — 31° à Bâle. Rome et Constantinople furent couvertes de neige.

L'hiver de 1812 nous rappelle le désastre de la retraite de Russie:

Il neigeait, l'on était vaincu par sa conquête:
Pour la première fois l'aigle baissait la tête...

1829 et 1830, 1840, 1844, 1846, 1854 eurent des hivers très vifs. Le lugubre hiver de 1870-1871 ajouta encore aux misères publiques et aux désastres de la patrie. Celui de 1879 a été extrêmement froid. Le thermomètre a atteint la limite de 25°, 6 au-dessous de zéro à Paris.

*
* *

Le thermomètre descend bien rarement au-dessous de telles températures dans les régions tempérées que nous habitons. Mais dans les contrées hyperboréennes, il arrive souvent que le mercure des thermomètres gèle, ce qui indique un froid d'au moins 40°. D'après le capitaine Parry, à l'île Melville, le fait se produit pendant plusieurs mois de l'année. Cependant, l'homme vit sans trop de souffrances dans ces atmosphères glaciales, à la condition que l'air soit absolument calme. Le moindre vent occasionne au contraire des souffrances intolérables.

Les températures extrêmes que divers observateurs ont constatées à l'aide de thermomètres à alcool sont : — 51° dans les monts Oural, — 54° à Nigni-Kolymsk, — 55° en Norwège, — 58° au fort Entreprise, dans l'Amérique du Nord, et à Jakoutsk, en Sibérie.

*
* *

Dans les espaces interplanétaires, où le vide est presque complet, la température est extrêmement basse. A 5,000 mètres au-dessus de la surface de notre globe et à la limite des neiges éternelles, la raréfaction de l'air est déjà très sensible et le froid considérable. Au delà, il augmente encore.

La température décroît-elle indéfiniment? Cela a paru peu probable aux physiciens, qui ont cherché la position que doit occuper sur l'échelle thermométrique la température du vide absolu, qu'ils appellent le zéro absolu.

Les résultats très divergents auxquels ils sont parvenus témoignent de l'incertitude du problème.

Fourrier l'évalue à — 66°, Pouillet à — 142°, Invine à — 518°, Crawford à — 851°, Gadolui à — 1,295°, Dalton à — 4,434°.

L'hypothèse à laquelle on se rallie le plus généralement est celle de Clément et Desormes, qui fixent à — 273° la température de l'espace.

*
* *

Ce froid interplanétaire est destiné à jouer un grand rôle dans l'existence des planètes et de notre terre en particulier.

Notre globe absorbe lentement les eaux qui le couvrent et l'atmosphère qui l'environne. Aujourd'hui déjà, la couche d'air qui l'enveloppe est impuissante à retenir sur toute sa surface la chaleur que les rayons solaires y déversent chaque jour ; les hauts sommets des montagnes, baignés par un air très raréfié, n'ayant au-dessus d'eux qu'une épaisseur d'atmosphère peu considérable, rayonnent vers les espaces infinis la chaleur qu'ils reçoivent et restent perpétuellement couverts de neiges éternelles.

Que sera-ce lorsque l'atmosphère aura presqu'entièrement disparu? Le froid de l'espace étreindra toute la terre.

Du sommet des montagnes, la limite des neiges descendra sur les hauts plateaux et dans les vallées, poussant devant elle la vie et la civilisation et recouvrant de son linceul les villes qu'elle rencontrera au passage. En même temps, les calottes de glace qui recouvrent les pôles s'étendront à des latitudes plus voisines de l'équateur. Chassée par ces deux ennemis, qui s'avanceront l'un vers l'autre pour se rejoindre, la vie végétale et animale se raréfiera et se retirera sur les rivages des mers équatoriales à demi desséchées, aux points où l'épaisseur de l'atmosphère permettra encore la respiration des plantes et des animaux.

Paris, Londres, Rome, l'Europe entière, ses villes, ses monuments, ses citadelles, gigantesques efforts de plusieurs siècles, tout dormira écroulé sous le blanc suaire de la neige éternelle!

La terre, que nos géographes et nos voyageurs étudient et explorent et qui sera bientôt aussi connue qu'un de nos départements, devenue alors inhabitable sur la plus grande partie de son étendue, sera transformée en un désert glacé, que les savants ne connaîtront plus que par les lointaines traditions du passé.

Tous ces efforts que notre époque tente pour arracher leur secret aux régions polaires, il faudra les refaire pour découvrir de nouveau ce qui fut la France, la grande et populeuse nation.

Seuls, les rivages des mers voisines de l'équateur donneront asile à l'homme et aux animaux chassés de toute part, et plus les années se succéderont, plus s'accentuera cette lente raréfaction de la vie, qui, poursuivant son œuvre de destruction, fera disparaître tout ce qui vient ici-bas.

Enfin un jour viendra où les rayons d'un soleil déjà refroidi éclaireront un lugubre spectacle : les cadavres de la dernière famille humaine morte de froid et d'asphyxie sur le rivage de la dernière mer desséchée !

*
* *

Mais cette mort terrible marquera l'aurore d'une

humanité nouvelle. Lorsque la vie aura disparu de la surface des planètes, cette même cause qui l'aura rendue impossible sur ces astres glacés la rendra possible sur le soleil refroidi. Alors il passera par les diverses phases géologiques que les autres corps de notre système ont traversées. Une création organique viendra animer sa surface, et, planète nouvelle, il emportera, lui aussi, une humanité autour de ce centre inconnu d'attraction qui l'entraîne présentement vers la constellation d'Hercule. Il s'éteindra à son tour !.....

*
* *

Nous voilà bien loin, emportés par nos rêves ! Revenons vite à la terre et regardons brûler les derniers tisons de notre foyer, en oubliant l'âpre hiver qui s'enfuit et en songeant au doux printemps qui va venir !

CHAPITRE IV

L'Exposition d'électricité à l'Observatoire de Paris et la Société internationale des Électriciens. — Son inauguration. — Une petite usine électrique. — Tout par l'électricité. — La lumière et la force. — Curieuse expérience téléphonique.

La mode est actuellement aux expositions; aux expositions d'électricité surtout. Depuis la première d'entre elles qui eut lieu, on s'en souvient, au Palais de l'Industrie, en 1881, et qui fut une véritable révélation, il ne s'est pas écoulé une seule année sans que les merveilles de l'électricité fussent l'objet de démonstrations publiques nouvelles.

Londres et Munich en 1882, Vienne en 1883, Turin et Philadelphie en 1884, ont eu leurs expositions électriques. Même dans les expositions nationales ou locales, l'électricité a toujours la place d'honneur.

Celle qui vient de s'ouvrir à l'Observatoire de Paris a des proportions et des prétentions plus modestes que celles qui l'ont précédée. C'est en quelque sorte une exposition de famille, créée sous les auspices de la Société Internationale des Électriciens et de son sympathique président, M. Georges Berger. Elle a eu la bonne fortune de recevoir de M. l'amiral Mouchez, directeur de l'Observatoire, une hospitalité qui double son intérêt, car elle lui donne, en quelque sorte, le patronage de cette pléiade de savants éminents dont les images ornent les salles de ce grand établissement national. Quelle surprise et quel émerveillement pour ces grands génies, Laplace et Cassini, si la vie pouvait animer leurs statues de marbre! Ne seraient-ils pas fiers de leurs petits-fils et de la marche si rapide de l'esprit humain!

Si modeste qu'elle soit, le président de la République a voulu donner le baptême à la petite exposition de l'Observatoire. Il l'a inaugurée le samedi soir, 21 mars, à neuf heures et demie.

Dès la chute du jour, la foule, attirée par un puissant jet de lumière qui jaillissait du haut de la coupole de l'édifice, animait ce quartier lointain, d'ordinaire si calme et si désert. A l'heure dite, M. Grévy faisait son entrée à la grille, aux accents de l'hymne national, et recevait la bienvenue de MM. Berger, Mouchez et Cochery, et du bureau de la Société Internationale des Électriciens.

Nous ne suivrons pas le chef de l'État et son

brillant cortège de savants, de diplomates, de militaires et de fonctionnaires dans leur promenade à travers l'exposition. Faisons discrètement notre revue avec le lecteur qui voudra bien nous suivre.

L'exposition comprend deux parties bien distinctes : d'abord l'usine où sont engendrés les courants électriques qui vont, transportés par de nombreux fils de cuivre recouverts d'une gaîne protectrice de caoutchouc, porter la lumière et la force aux appareils placés dans l'Observatoire.

Cette petite usine est abritée sous un grand hangar en planches, édifié spécialement pour la circonstance, dans la grande cour qui précède le monument.

En quelques jours, les ingénieurs y ont installé plusieurs machines motrices qui mettent en mouvement une vingtaine de machines électriques de divers systèmes. La force totale disponible est d'environ 200 chevaux. Quant aux machines électriques, nous n'en donnerons pas la nomenclature et nous nous contenterons de rappeler les noms bien connus de leurs constructeurs : Gramme, Siemens, Édison, Breguet, Sautter-Lemonnier, de Meritens, Gérard. Toutes sont fondées sur le grand principe de l'induction magnétique, d'après lequel un courant électrique se produit dans tout circuit conducteur fermé qui se déplace entre les deux pôles d'un aimant.

On sait combien ces machines, vulgarisées surtout depuis l'invention de M. Gramme, en 1872, remplacent avantageusement, au point de vue de la production et du coût de l'électricité, les piles jusqu'alors à peu près exclusivement en usage.

La seconde partie de l'exposition est renfermée dans une série de salles au premier étage de l'Observatoire et dans la grande verandah qui précède et domine le jardin. Nous trouvons là cent vingt-cinq expositions particulières qui représentent l'application de l'électricité à toutes les branches d'industrie, le « tout par l'électricité » qui, semble-t-il, ne présentera plus bientôt une seule exception.

Nous avons prononcé les mots de lumière et de force. La lumière, elle est éblouissante et mélange l'éclat blafard et cru des lampes à arc à la clarté dorée de ces petites lampes à incandescence que le grand et fécond inventeur américain, Édison, a le premier vulgarisées.

Dans les premières, plus appropriées à l'éclairage des grands espaces, l'électricité jaillit, en une vive étincelle, entre deux pointes de charbon qu'un mécanisme automatique rapproche au fur et à mesure de leur combustion,

Les lampes Breguet, Siemens, Cance appartiennent à ce type.

Dans les secondes, d'intensité mieux adaptée à l'éclairage domestique, le courant électrique agit autrement. Il traverse un mince filament de charbon et l'échauffe jusqu'à l'incandescence. Ce filament, placé dans un petit globe vide d'air, est ainsi soustrait à une combustion qui le ferait disparaître en quelques instants.

Telles sont, à quelques détails près, les lampes Edison, Maxim, Aboilard, Gérard, Cruto.

Les bougies Jablochkoff appartiennent à la première catégorie de lampes. L'ingéniosité de l'inventeur a réussi à les rendre indépendantes de tout mécanisme. Douze d'entre elles éclairent brillamment la grille et la cour d'honneur.

Le transport de force à distance par l'électricité, grave problème économique sur lequel nous reviendrons prochainement, donne lieu à quelques applications intéressantes. C'est ainsi que la grande coupole mobile de l'Observatoire est mise en mouvement par l'intermédiaire d'un petit moteur électrique. D'autres moteurs de même puissance actionnent une pompe, une scie à découper le bois et une presse typographique sur laquelle est imprimé un portrait du président, dont il a la primeur et dont les invités s'arrachent les autres exemplaires.

La téléphonie, la plus récente et la plus intéressante peut-être des applications de l'électricité, est représentée par un de ses plus nouveaux perfectionnements. Dès son entrée dans la grande galerie, le cortège s'est arrêté devant un petit cornet, suspendu à deux fils, duquel sont sortis tout à coup les accents vibrants de la *Marseillaise*, exécutée par une musique lointaine. Cette expérience a paru frapper beaucoup le président de la République, qui a vivement complimenté l'inventeur, M. Okorowitz. C'est, croyons-nous, le premier appareil téléphonique qui reproduit les sons d'une façon perceptible pour tout un auditoire.

Nous serions astreints à une description trop technique si nous cédions à la tentation de nous arrêter devant toutes les vitrines et de citer les noms de tous les exposants. Nous risquerions, en outre, de commettre des omissions qui ne nous seraient peut-être pas pardonnées.

Bornons-nous donc à cet exposé rapide et incomplet, en ajoutant seulement que les visiteurs de l'exposition pourront y trouver encore toutes les applications de l'électricité à la télégraphie, à la galvanoplastie, aux chemins de fer, à la médecine.

Nous souhaitons qu'ils puissent les étudier avec fruit et sortir de l'Observatoire avec le goût des choses scientifiques raffermi et accru, et s'il nous est permis de faire encore un vœu un peu intéressé, espérons qu'ils se hâteront d'adhérer à la Société Internationale des Électriciens, qui, créée il y a un an à peine, vient de donner une preuve si frappante de sa vitalité et un gage si précieux pour son avenir.

CHAPITRE V

Le transport de la force par l'électricité. — Le pain de l'industrie. — Y aura-t-il toujours du charbon? — Comment il s'est formé. — Comment le remplacer quand les mines seront épuisées. — Les forces hydrauliques disponibles en France. — Usine de Bellegarde. — Les divers moyens de transporter les forces. — L'emploi de l'électricité et les expériences de M. Marcel Deprez. — Conclusion rassurante.

On parle beaucoup en ce moment d'une expérience qui fera époque dans les fastes de la science contemporaine.

C'est celle du transport de la force par l'électricité, qu'un ingénieur éminent, M. Marcel Deprez, doit effectuer entre Creil et Paris.

Quand le moment en sera venu, nous aurons à revenir avec détails sur cette solennité scientifique; nous allons nous borner, dans les lignes qui vont suivre, à indiquer qu'elle en est la véritable portée philosophique et à expliquer pourquoi elle excite à un si haut degré l'attention du monde savant.

*
* *

Rappeler que le charbon est actuellement l'auxiliaire le plus précieux de l'industrie, c'est tomber dans les redites banales. Personne n'ignore qu'il est la source principale de la force motrice dont elle dispose, l'agent jusqu'à ce jour à peu près indispensable à toutes les opérations métallurgiques, le générateur du gaz, élément ordinaire de notre éclairage public et particulier. On l'a dit maintes fois et toujours avec plus de raison : « La houille est le pain de l'industrie. »

Vous êtes-vous jamais demandé, mes chers lecteurs, si la provision de ce pain noir que renferment les entrailles de la terre se renouvelle constamment, comme se renouvelle chaque année la réserve du blé nécessaire à la nourriture des hommes ; si elle ne viendra pas un jour à être épuisée, et si nos arrière-petits-fils ne se trouveront pas menacés d'une famine d'un nouveau genre dont la conséquence nécessaire serait la perte des plus précieuses parmi les conquêtes de la science et le retour à la barbarie?

Le problème est grave et peut à juste titre donner à réfléchir aux esprits soucieux de l'avenir de l'humanité.

Comme on le voit, il compte trois termes :

Pendant combien de temps encore peuvent durer les réserves de charbon contenues dans les mines?

Ce temps sera-t-il assez long pour permettre la formation de nouvelles couches de houille, de telle façon que ces réserves, tout en se déplaçant, ne puissent jamais s'épuiser?

Comment remplacera-t-on le combustible qui nous paraît aujourd'hui indispensable, si le moment doit jamais arriver où il n'y en aura plus sur notre globe?

*
* *

La question du charbon, de son origine, de son extraction, du prix de son transport du point de production au point de consommation se pose, pour ainsi dire journellement, dans la vie industrielle. Pour continuer la comparaison déjà faite, elle est aussi vitale, aussi urgente, dans l'existence économique des peuples, que celle de l'alimentation dans la vie domestique.

Chez nos voisins les Anglais, que les hasards des formations géologiques ont favorisés de richesses houillères inestimables, elle est toujours actuelle et poignante, et elle revient sans cesse sous la forme énervante d'une véritable obsession.

Une estimation faite en 1871 évaluait à 146,480 millions de tonnes la quantité de houille renfermée dans ce sol si richement doté par la nature. Il en reste maintenant 144,500 millions. Ces nombres surprennent par leur énormité et donnent à première vue l'impression rassurante de ressources indéfinies. Et cependant les statistiques décennales accusent, en 1863, une consommation de 86,300,000 tonnes, en 1873 accrue à 127 millions de tonnes, portée en 1883 à 164 millions. Si une telle progression devait se maintenir, 264 années suffiraient pour épuiser complètement toutes les mines de charbon du Royaume-Uni et pour tarir ainsi un des approvisionnements les plus considérables du monde entier.

Heureusement, comme le fait judicieusement remarquer l'auteur du rapport auquel nous empruntons ces chiffres, autant il serait téméraire de nier l'accroissement futur du nombre des établissements industriels, autant il serait déraisonnable de le croire susceptible d'une progression constante et indéfinie. La crise générale dont nous souffrons montre tous les dangers d'une production exagérée et indique que nous touchons à un maximum qu'il serait difficile de dépasser. Or, sur le pied de la consommation de 1883, il y aurait encore pour 880 ans de charbons dans les houillères anglaises!

D'autre part, les progrès apportés aux machines et aux méthodes industrielles permettent déjà de larges économies dans l'emploi des combustibles. Alors qu'en 1878 la production d'une tonne de fonte exigeait 7 tonnes de charbon, aujourd'hui, grâce aux perfectionnements de l'outillage, à l'emploi des gazogènes, de l'air chaud, à l'utilisation plus parfaite des menus, 2 tonnes et demie suffisent. On sait aussi combien les machines à vapeur, et je parle des plus parfaites, sont de mauvais transformateurs d'énergie. La meilleure houille produit en brûlant 8,000 calories par kilogramme et, théoriquement, en appliquant la règle de l'équivalent mécanique de la chaleur, contient sous le même poids une énergie latente d'une vingtaine de chevaux-vapeur, tandis que les moteurs les plus économiques arrivent péniblement à développer un cheval par heure et par kilogramme de houille brûlé sur le foyer de leur chaudière. Le reste se perd en route.

Cela revient à dire que les meilleures machines ont un rendement égal à 8 0/0 seulement de l'énergie développée par la combustion de la houille. La moyenne ne donne pas plus de 3 0/0.

Aussi lorsqu'on met pour cent francs de charbon sur la grille d'une machine, on es sûr de n'en utiliser que huit au maximum. Les quatre-vingt-douze autres sont sacrifiés d'avance.

Ces exemples montrent quelle marge considérable est réservée à de nouveaux progrès et prouvent que l'augmentation des établissements industriels, vînt-elle à se produire, pourrait être balancée, dans une certaine mesure, par l'utilisation plus parfaite des combustibles. Ils justifient cette affirmation, certainement pressentie, que le milieu du vingt-deuxième siècle ne verra pas se consommer la décrépitude industrielle et sociale de l'humanité.

*

Du reste, n'est-il pas certain que les flancs de notre globe doivent contenir des quantités de houille incomparablement supérieures à celle que notre vieille Europe exploite depuis des siècles ?

Les bassins houillers des États-Unis ont été reconnus sur une étendue vingt fois égale à celle des bassins de la Grande-Bretagne. L'Australie possède un Newcastle déjà rival du Newcastle anglais, et des couches tellement riches qu'une seule d'entre elles est estimée contenir 84 milliards de tonnes. La Nouvelle-Zélande est signalée comme devant produire de grandes quantités de charbon. Tous les jours on découvre de nouvelles mines. Celles du Tonkin sont évaluées par M. Fuchs à 5 millions de tonnes. Et quelles surprises ne nous réserve pas dans l'avenir l'exploration des pays inconnus, de cette immense Chine encore fermée et bientôt ouverte par la force, de l'Amérique tout entière, des mystérieuses contrées de l'Afrique centrale !

Certes, il doit y avoir dans le sol de ces contrées,

encore inaccessibles à nos ingénieurs, des greniers d'abondance d'une richesse incalculable, où l'avenir découvrira l'aliment des industries futures. Il est probable qu'alors l'axe de la civilisation se sera déplacé, et que ce mouvement continu qui pousse le progrès toujours à l'ouest aura transporté loin de notre vieux monde ce qui fait la gloire et l'honneur des nations. Déjà la jeune Amérique nous fait pressentir une ère nouvelle. L'appauvrissement du principal agent de notre suprématie industrielle ne pourrait que précipiter notre décadence. Avec la disparition de la houille sur l'ancien continent se terminera un cycle de l'humanité, si de ces sombres nuages qui nous font l'avenir si menaçant ne jaillit pas l'étincelle qui montrera à nos descendants une source de prospérité nouvelle.

*\
* *

Nous voici à la seconde phase de notre problème. Pourquoi l'homme ne se préoccupe-t-il jamais de la disparition possible du blé, de la farine et du pain? C'est qu'il sait que chaque saison nouvelle amène une récolte nouvelle sans cesse renaissante. Pourquoi redoute-t-il, au contraire, l'épuisement des mines de charbon? C'est que les couches exploitées au sein de la terre représentent l'effort continu et patient d'un nombre considérable de siècles et le concours de circonstances atmosphériques qui se produisirent dans le jeune âge de notre globe et qui ne se renouvelleront jamais.

Les combustibles fossiles, c'est-à-dire ceux qu'on extrait du sol et qu'on désigne sous les noms d'anthracite, houille et lignite, suivant l'époque de leur formation, résultent de la décomposition qu'ont subie les végétaux des premières périodes géologiques. Cette décomposition s'est produite à l'abri du contact de l'air dans un milieu très humide ou sous l'eau, et a été favorisée par une température très élevée. Les grands arbres de cette faune primitive, dont la croissance était très rapide, sont tombés sur un sol déjà jonché de leurs branches et de leur frondaison annuelle, et sur ce sol marécageux, sans cesse détrempé par des pluies torrentielles, tous ces débris accumulés se sont lentement carbonisés en perdant tous leurs éléments gazeux, comme se carbonise le bois dans les meules que construisent les bûcherons de nos forêts. Ainsi se sont formées ces couches d'épaisseurs diverses souvent séparées par des lits argileux qui marquent ainsi la succession des phases du phénomène, interrompues par des périodes de submersion pendant lesquelles les dépôts terreux se sont formés au sein des eaux et ont recouvert les dépôts houillers.

Nous n'insisterons pas davantage, rappelant seulement que les bancs de charbon de terre contiennent fréquemment des débris végétaux très reconnaissables, qui attestent de leur origine.

Ainsi ont été formées les couches souvent si nombreuses des bassins houillers.

Or, si des éléments précis nous manquent pour estimer le temps qui a été nécessaire pour la carbonisation des forêts de l'époque houillère, on peut se livrer néanmoins à des évaluations susceptibles d'une certaine approximation.

Il résulte d'expériences qu'un hectare de haute futaie âgée de cent ans, réduite à l'état de houille, produirait une couche de 15 millimètres d'épaisseur. Il faudrait donc 6,600 ans pour que la couche atteignit une épaisseur d'un mètre, et si l'on prend comme type un bassin houiller dont toutes les couches auraient ensemble une épaisseur totale de 40 mètres, on arrive à 266,400 ans pour la durée de sa formation.

Comme il faut, en outre, tenir compte du temps pendant lequel se sont déposées les couches sédimentaires qui alternent avec les bancs de houille, l'estimation précédente serait de beaucoup au-dessous de la vérité. Celle de 9 millions d'années a été adoptée par plusieurs géologues.

D'autre part, il faut tenir compte de ce fait, qu'à l'époque lointaine pendant laquelle se formèrent les combustibles, la température et le degré d'humidité étaient bien plus élevés que de nos jours. La végétation carbonifère était donc plus exubérante, plus touffue que la végétation actuelle et sa croissance plus rapide. Sa transformation en houille devait donc être plus vite accomplie que ne l'indiquerait le calcul précédent. D'ailleurs, nous voyons se produire sous nos yeux, pour ainsi dire, un phénomène analogue dans les marécages tourbeux, où ce combustible atteint une épaisseur de un mètre dans l'espace d'un siècle.

Mais il est non moins certain que les conditions dans lesquelles s'est formée la houille ne se représenteront plus jamais, et que pour renouveler intégralement la provision de charbon lorsqu'elle sera épuisée, une période de plusieurs milliers de siècles serait nécessaire.

Il est donc évident que, pour être très éloigné de nous, le moment viendra où le charbon minéral faisant défaut à l'humanité, il faudra le remplacer par quelque chose. Ce moment peut être reculé par un emploi plus judicieux et plus économique des combustibles, mais il se présentera fatalement, et il est sage que nous y pensions pour nos descendants.

* *
*

Nous avons indiqué, au début de cet article, que la consommation du charbon se répartit entre trois industries principales : la métallurgie, la fabrication du gaz et la production de la force motrice. Dans cette dernière catégorie, il y aurait à distinguer la force motrice fixe et la force motrice mobile (locomotives, bateaux à vapeur).

La consommation de houille de chacune de ces branches de l'industrie s'est répartie comme il suit en 1881, en France et en Algérie :

Locomotives.............	2,720,544	(chevaux disponibles).
Bateaux à vapeur (non compris la marine de guerre).	848,288	—
Machine fixes appartenant aux Compagnies de chemins de fer...........	10,702	—
Industries diverses......	581,352	—

Les machines mobiles absorbent donc à elles seules plus des trois quarts de la force motrice totale, ou, ce qui revient au même, consomment les trois quarts du charbon brûlé sur la grille des chaudières françaises.

Il semble donc que l'emploi des chutes hydrauliques, transportées au moyen de l'électricité, ne pourraient économiser qu'un quart au maximum de la consommation totale de charbon. Cette économie ne serait pas à dédaigner, car elle augmenterait de près de trois cents ans la durée d'exploitation de nos mines. Mais il faut bien vite ajouter que la traction des wagons et des voitures par l'électricité sera probablement un fait accompli avant que le charbon ait complétement disparu. Si timides et restreints qu'aient été les essais faits jusqu'à ce jour, ils font espérer pour l'avenir une solution pratique et économique. D'ailleurs, les chemins de fer existeront-ils encore dans quelques centaines d'années, et ne peut-on pas, sans être traité de rêveur, penser qu'ils trouveront un jour dans la navigation aérienne une concurrence redoutable ?

*
* *

Mais laissons ces espérances d'avenir et revenons au présent. Les forces hydrauliques peuvent, avons-nous dit, être d'un grand secours pour l'industrie. Quelle est approximativement leur importance sur le territoire de notre pays ?

La superficie de la France est de 518,830 kilomètres carrés, sur lesquels il tombe annuellement une hauteur moyenne de 0^m770 de pluie. C'est donc près de 400 millions de mètres cubes, dont la majeure partie s'évapore, laissant s'écouler à la mer 190 millions de mètres cubes, correspondant à un débit de 6,000 mètres cubes par seconde. Eu égard à l'altitude moyenne du sol, ce débit correspond approximativement à 10 millions de chevaux-vapeur qui nécessiteraient la combustion de 100 millions de tonnes de charbon.

Certes, la totalité de cette force ne serait pas utilisable, car l'aménagement des cours d'eau n'est pas possible partout. Mais comme la France ne consomme annuellement que 25 millions de tonnes de houille, on voit qu'il suffirait d'utiliser le quart de la force hydraulique totale pour développer une force motrice équivalente.

Mais si le charbon se transporte aisément partout où son utilisation est nécessaire, les forces hydrauliques ne se déplacent pas; elles se consomment sur place et les usines sont obligées de venir s'installer au voisinage immédiat des cours d'eau. Certaines leur empruntent ainsi une énergie extrêmement considérable, équivalente à plusieurs milliers de chevaux-vapeur. Qui ne connaît, au moins de nom, la belle usine hydraulique de Bellegarde qui utilise, aux environs du confluent du Rhône et de la Valserine, une chute d'une hauteur de douze mètres environ.

Un tunnel joignant le fleuve et son affluent, et creusé dans le roc, conduit sur une longueur de plus de cinq cents mètres un volume d'eau qui correspond à une force motrice de 6,000 chevaux. Un deuxième tunnel devait être construit et chacun d'eux devait actionner 6 turbines capables de fournir un travail moyen individuel de 630 chevaux et un travail total de 7,800 chevaux. Les résultats financiers de cette affaire

n'ont pas permis de compléter l'installation et de
percer le second tunnel.

Le projet complet consistait à actionner tout un
groupe de grandes usines, parmi lesquelles une usine
à papier et des moulins à phosphates.

Cet exemple, que nous pourrions accompagner
de bien d'autres, montre qu'il est possible d'utiliser
les cours d'eaux pour la production de forces motrices considérables. Pendant des siècles ils ont été,
avec le vent, la main de l'homme et les manèges mis
en mouvement par les animaux, les seules sources
de force utilisées par l'industrie.

Mais si le vent souffle partout plus ou moins, on
n'est pas maître, sans de grands travaux, de la direction des torrents et des rivières; il faut les prendre
où ils sont et aller à eux puisqu'on ne peut pas les
amener à soi. C'est du moins ce qu'on a fait pendant
longtemps, tant qu'on n'a disposé d'aucun moyen
pratique de transporter les forces à distance.

*
* *

Les agents de transmission de force sont, outre
les courroies, les câbles dits télodynamiques, l'eau
comprimée, l'air comprimé, l'électricité. Ils permettent d'utiliser à une certaine distance du lieu de
leur production et, naturellement avec une perte

variable, les forces qu'on ne peut déplacer directement.

Un ingénieur allemand, M. Bœringer, a eu la patience de calculer les prix d'installation et de revient
correspondant à ces divers procédés et suivant la
distance à laquelle le transport doit s'effectuer.

Nous n'entrerons pas dans le détail d'une analyse
qui serait fastidieuse, et nous nous contenterons
d'indiquer sommairement comment se ferait le dernier mode de transport, qui se recommande non seulement par sa simplicité, mais par la facilité de
déplacement à laquelle ne se prête aucun des trois
autres.

L'utilisation des moteurs électriques est loin d'être
nouvelle. Elle remonte à l'année 1840. Mais l'idée de
faire servir l'électricité au transport de la force ne
date que de 1873. A l'Exposition universelle de Vienne,
un ingénieur français, M. Hippolyte Fontaine, en fit
la première application. Il se dit que puisqu'en tournant sur son axe, une machine dynamo-électrique
produit un courant, ce courant, dirigé dans une seconde machine dynamo-électrique, doit produire l'effet
inverse et la faire tourner, en la transformant ainsi
en un moteur secondaire capable de restituer une
partie de la force dépensée à l'origine.

La première expérience fut faite de la manière que
voici : un moteur à gaz de Lenoir mettait en mouve-

ment une machine Gramme; le courant électrique produit se rendait par un fil de cuivre de 1,100 mètres de long, dans une seconde machine Gramme, qui actionnait directement une pompe rotative.

Tout se passait donc comme si le moteur à gaz avait transmis directement son mouvement à la pompe par l'intermédiaire d'une courroie de 1,100 mètres, ce qui eût été inapplicable en pratique. La courroie était remplacée par deux machines électriques et par une ligne les réunissant.

On voit immédiatement de quelle généralisation cette application est susceptible. Partout où on a une force fixe, on peut la transporter à distance par l'intermédiaire de deux machines électriques et par une ligne qu'on peut installer à la manière des lignes télégraphiques et déplacer à volonté.

L'Exposition d'électricité de 1881 présentait plusieurs exemples de ce mode de transmission. Le plus frappant était certainement le tramway électrique, démontrant comment une force installée à l'extrémité d'une voie ferrée peut déterminer le mouvement d'un véhicule. C'était, à petite échelle, l'indication d'un nouveau moyen de traction pouvant s'appliquer bientôt, en attendant mieux, aux lignes de chemins de fer dont la longueur n'est pas trop considérable.

Une question qui vient immédiatement à l'esprit

et qui est, en effet, des plus intéressantes, est celle
du rendement. Pour parler un langage plus compréhensible, il faut savoir quelle est la fraction de
la force transportée qui se perd en route, et il est
naturel de penser qu'elle doit être d'autant plus
grande que la distance est aussi plus considérable.

C'est un débat qui a fait couler beaucoup d'encre
et dépenser beaucoup d'éloquence scientifique, depuis
le Congrès des électriciens en 1881. Les polémiques,
souvent très ardentes, qu'il a soulevées ont donné
l'occasion à M. Marcel Deprez de reprendre à son
point de départ le problème tout entier et d'arriver
à une loi simple qu'il a formulée de la manière suivante : « Le rendement est indépendant de la distance. » Ce qui, dans l'esprit du savant ingénieur,
veut dire qu'en réglant convenablement la force des
machines électriques, on peut, quelle que soit la
distance qui les sépare, ou, pour mieux dire, quelle
que soit la résistance que la ligne qui les réunit
oppose au courant, maintenir constante la fraction de
force perdue. Cette fraction ne peut être guère
inférieure à la moitié.

*
* *

Depuis trois années, M. Marcel Deprez a multiplié
ses expériences pour arriver à la démonstration de
ses idées.

En 1882, à l'Exposition d'électricité de Munich ; à la gare du Nord, en février 1883 ; à Grenoble, à la fin de la même année, il s'est livré à des essais d'importance croissante dont celui auquel nous faisions allusion au début de cet article doit être le couronnement.

Il s'agit cette fois de transporter effectivement cent chevaux-vapeur de Creil à Paris à une distance de 60 kilomètres environ.

*
* *

Les explications qui précèdent nous ont appris que de longtemps encore nos descendants n'auraient pas à redouter d'être privés de charbon. Mais elles nous ont prouvé en même temps que cette disette générale et définitive sera précédée de disettes locales dont les conséquences pourront être désastreuses pour l'avenir des pays qu'elles frapperont.

Elles nous révèlent en même temps le mal et le remède, et nous fournissent les moyens d'être parcimonieux de notre précieux « diamant noir ». Sans porter atteinte au développement de notre industrie, l'aménagement des cours d'eau peut rendre disponible une somme de force qui épargnera une quantité correspondante de charbon. Cette force, l'électricité, avec sa merveilleuse souplesse, la transportera aux points où elle sera nécessaire, comme l'usine à gaz d'une ville distribue la lumière dans toute son étendue, comme le sang de notre cœur transmet la vie dans tous nos organes.

Nous avons même fait pressentir que les chemins de fer, ces Gargantuas du charbon, pourront, petit à petit, faire place aux chemins de fer électriques.

L'humanité a, Dieu merci, du temps devant elle pour trouver la solution complète de ces importants problèmes. Ce sera l'honneur de notre siècle et des hommes éminents que nous avons nommés de les avoir posés et d'avoir fixé les jalons de la route à parcourir.

CHAPITRE VI

Rareté et cherté. — Quatre métaux abondants, mais coû-
teux. — Le sodium, ses propriétés et sa fabrication. —
L'aluminium et la direction des ballons. — Le silicium.
— Influence des infiniment petits. — Le magnésium, son
emploi pour l'éclairage. — L'éclairage de l'avenir. —
La colonne soleil de M. Bourdais.

La nature nous présente, en quantités pour ainsi
dire indéfinies, un certain nombre de substances
renfermant des éléments métalliques dont l'utilisation pratique serait très précieuse si les difficultés
que présente leur isolation n'en élevaient considérablement la valeur.

C'est ainsi que l'eau de la mer, l'argile, le sable
et les roches magnésiennes contiennent des quantités énormes de sodium, d'aluminium, de silicium
et de magnésium ; et pourtant ces métaux sont assez
rares pour qu'on puisse les considérer presque
comme des curiosités de la' atoire.

Un calcul fort simple permet d'évaluer approximativement la quantité de sodium métallique que renferment les eaux de l'Océan. D'après un savant allemand, Schafhœulh, la surface occupée par les mers est égale à 6,173,666 milles carrés (le mille géographique vaut 7,420^m), et la profondeur moyenne est, d'après Humboldt, de 3,000 environ.

Le volume occupé par les eaux des mers est donc de 25 millions de milles cubiques, qui contiennent 3,051 milles cubiques de chlorure de sodium ou sel marin. Si l'on réfléchit que le volume des Alpes n'est que de 685 milles cubiques, on voit que si l'on pouvait dessécher les mers et amonceler, le sel qu'elles renferment, le *tas*, si l'on peut s'exprimer ainsi, aurait un volume égal à cinq fois celui de ce massif montagneux.

Le sel marin, contenant en poids environ 40 0|0 de sodium et 60 0|0 de chlore, on voit quelle énorme quantité de sodium renferme la mer. Et si l'on rapproche de ces résultats le prix du sodium, qui vaut de 12 à 15 fr. le kilogramme, on voit qu'il ne suffit pas qu'une matière soit abondante pour qu'elle soit à bon marché ; il faut encore qu'elle soit facile à isoler et à conserver.

Les roches siliceuses, alumineuses et magnésiennes sont non moins abondantes. Elles constituent une partie de l'écorce terrestre en tant que sables, silex, quartz, graviers, grès, qui sont des roches à base de silice ; argile, kaolin, feldspath, qui sont des roches alumineuses et siliceuses ; dolomies, serpentines, qui sont des roches magnésiennes.

Il n'est donc pas étonnant que la préparation en grand et à bon marché des quatre métaux qui nous occupent ait tenté un grand nombre de savants, et c'est là une des branches de la chimie appliquée qui ont été le plus étudiées dans ces dernières années. On est aujourd'hui sur la voie d'une production économique de ces corps, qui, comme nous l'avons dit, sont susceptibles d'applications extrêmement variées. Il est donc opportun de rappeler leurs propriétés et d'examiner quels sont les services qu'on pourra attendre d'eux lorsque les progrès de leur fabrication auront abaissé leur coût à un taux normal.

*
* *

Les difficultés qu'on éprouve à conserver le *sodium* et son peu de stabilité, à l'état de métal, contribuent principalement à l'élévation de son prix. Il est mou à la température ordinaire. En le coupant avec un couteau, la surface de section est un instant brillante ; mais elle se ternit rapidement et le métal prend l'apparence du vieux plomb. Abandonné à l'air, surtout à l'air humide il s'oxyde en absorbant l'oxygène, dont il est très avide, et se transforme en soude. Cette oxydation est surtout très énergique lorsqu'on jette sur l'eau une parcelle de sodium. Elle flotte en brûlant et tournoie à la surface du liquide, expérience non sans danger, qui coûta la perte d'un œil au chimiste Malaguti. Aussi est-on obligé de conserver le sodium sous l'huile de naphte.

C'est cette instabilité qui rend sa préparation si difficile. A peine isolé, il absorbe de nouveau l'oxygène, ce qui produit un déchet considérable. En outre, les récipients qui servent à sa fabrication sont rapidement mis hors d'usage. De là le prix élevé qui résulte du procédé ordinaire de préparation. Il consiste à chauffer un mélange de carbonate de soude et de charbon. Ce procédé, repris par divers expérimentateurs, permet, paraît-il, grâce à certaines précautions, de réduire dans de fortes proportions le prix de revient du sodium. D'autres procédés nouveaux sont également employés et tenus secrets. Ce qui est certain, c'est que depuis deux ans le prix du sodium a sensiblement diminué, et ses applications nouvelles ne sont pas non plus étrangères à cette dépréciation.

Parmi celles-ci, il faut citer une ingénieuse pile électrique imaginée par M. Paul Jablochkoff, et dans laquelle le sodium métallique joue le rôle principal. M. Lazare Weiller a également employé le sodium à la désoxydation du cuivre. Mais l'emploi le plus

4.

ordinaire de ce corps est la fabrication de l'aluminium par le procédé de M. Henri Sainte-Claire-Deville.

*
* *

Ce procédé consiste à décomposer par le sodium un fluorure double d'aluminium et de sodium qu'on trouve au Groënland et qui porte le nom de *cryolithe*.. On comprend donc que le prix de l'aluminium soit dépendant de celui du sodium.

Préparé par ce procédé, l'aluminium a un prix qui varie de 150 à 200 fr. le kilo, suivant qu'il est livré en lingots, en limaille, en plaques ou en fil. On annonce, depuis quelque temps, qu'un procédé nouveau permettrait de l'obtenir à 25 fr. 50 le kilo, mais dans ce cas, comme dans le précédent, la méthode employée est tenue secrète.

Cet abaissement considérable de prix aurait des conséquences considérables, car l'aluminium se prêterait à des applications nombreuses auxquelles sa cherté seule est un obstacle.

Ce métal est en effet très stable. Il fond à une température élevée, ne s'oxyde pas, est susceptible de poli, et peut être laminé et tréfilé.

Son caractère le plus remarquable est son extrême légèreté. Sa densité est seulement deux fois et demie celle de l'eau, c'est-à-dire qu'il pèse trois fois moins que le fer. Cette différence de densité est très sensible lorsqu'on prend dans la main une clé en aluminium et une clé en acier. Elle suffirait à assurer à l'aluminium une foule' d'applications, en le faisant servir à la fabrication d'un grand nombre d'objets portatifs : couverts de table, clés, dés, boucles, etc.

L'aluminium a en outre une propriété moins apparente, mais d'un très grand intérêt pratique. C'est, de tous les métaux, celui qui en se combinant avec l'oxygène donne le plus grand dégagement de chaleur. Or, plus la quantité de chaleur dégagée par l'oxydation d'un corps est considérable, plus ce corps est propre à donner un élément électrique de grande puissance. Il en résulte qu'une pile à l'aluminium, convenablement combinée, serait à la fois la plus puissante et la plus légère.

Ne voyez-vous pas immédiatement une application importante de cette double propriété ?

Depuis plusieurs années, le problème de la direction des ballons est étudiée avec une ardeur passionnée. Les ascensions remarquables de MM. Tissandier frères et de MM. Renard et Krebs sont dans la mémoire de tous.

Dans les deux cas, le générateur de la force de propulsion est une pile électrique : pile au bichromate de potasse dans le premier, pile de nature secrète dans le second. Cette pile mystérieuse ne serait-elle pas une pile à l'aluminium? L'Etat n'est

pas avare et ne marchande pas les frais lorsqu'il
s'agit de dépenses pour l'amélioration de notre outillage militaire. Mais pour des ascensions privées
et pour l'application générale de la direction des
ballons, la pile à l'aluminium est trop chère. Elle
sera au contraire la meilleure au triple point de vue
de l'économie, de la puissance et de la légèreté, si
les progrès qu'on entrevoit dans la préparation de
l'aluminium finissent par se réaliser.

*
* *

Le silicium est jusqu'à présent d'une très grande
rareté. Il coûte 3 à 4 fr. le gramme. On ne le voit
guère que dans des flacons minuscules sous la forme
d'une poussière métallique qui rappelle un peu la
limaille de fer ou d'acier. Ses usages futurs, au
moins ceux qu'on entrevoit comme prochains, ne
sont pas d'un ordre domestique et courant. Il paraît
devoir, au contraire, rendre de grands services en
métallurgie. Tout le monde sait que l'acier ne diffère du fer que par la présence de quantités très
petites de charbon et de silicium qui sont dissoutes
dans la masse; leur présence, en quantités qui ne dé-
passent pas quelques millièmes, est un bien curieux
exemple de l'influence des infiniment petits. Des
traces de charbon et de silicium suffisent pour modifier profondément l'état moléculaire du fer et

augmenter considérablement sa résistance. Associé au cuivre, le silicium donne à ce métal une dureté extraordinaire dont l'artillerie tirera peut-être des avantages considérables en faisant servir les sili ciures de cuivre à la fabrication des canons.

*
* *

Le magnésium est encore un métal semi-précieux qui vaut de 450 à 550 fr. le kilogramme. On le trouve surtout dans le commerce à l'état de fils plus ou moins fins enroulés sur des bobines. Sous cette forme, il est ordinairement employé à la production de la lumière. Le magnésium brûle, en effet, avec une grande facilité; on peut l'enflammer avec une allumette et sa combustion répand une lumière vive, éclatante, comparable par sa couleur et son intensité à la lumière électrique. En même temps, il se produit une fumée blanche de magnésie pulvérulente.

La lumière au magnésium est chère, puisque le métal, préparé avec l'aide du sodium métallique, est lui-même d'un prix élevé. Mais on peut se demander si l'abaissement de ce prix, conséquence de nouveaux procédés de fabrication en ce moment en expérience, ne produira pas une révolution dans l'éclairage public. On pourrait l'affirmer absolument, si la production de magnésie en poudre accompâgnant la combustion du magnésium n'était pas un grave inconvénient. Elle rend l'éclairage au magnésium à peu près impossible dans les espaces clos. Car si on laisse le magnésium brûler librement, il produit une fumée insupportable, et si on l'enferme dans des globes, le dépôt de cette poussière les rend bientôt tout à fait opaques. Mais pour l'éclairage public, au contraire, l'inconvénient disparaît en partie, et quelques crayons de magnésium suffiraient pour produire un éclairage brillant sans qu'on ait la complication d'usines gigantesques aux abords des villes et de canalisations encombrantes dans leur sous-sol.

L'emploi du magnésium, devenu d'un prix abordable, ne se limiterait certainement pas à la production de la lumière. Mais ce serait sa principale application, et il n'est pas douteux que cette question sera sérieusement étudiée avant qu'il soit longtemps. Tout ce qui touche à l'éclairage est aujourd'hui en honneur. La vie devient si brève devant les devoirs et les préoccupations innombrables dont se compose l'existence d'un homme de maintenant, que le temps consacré aux études, aux affaires et aux plaisirs doit être prolongé par tous les moyens possibles. De là, ces efforts incessants pour combattre l'obscurité de la nuit, pour diminuer les distances par la rapidité croissante des moyens de transport et des communications de la pensée.

. L'éclairage au gaz a fait beaucoup dans le premier ordre d'idées ; le premier, il a permis de lutter efficacement contre les ténèbres. Mais que de complications et de dangers ! L'éclairage électrique, né d'hier, donne à la fois plus de lumière et plus d'économie. Quand il aura à son tour accompli sa phase économique, peut-être verrons-nous naître l'éclairage au magnésium, qui nous apparaît comme présentant le *summum* de simplicité et de commodité.

Mais, en poursuivant nos chimères scientifiques, rêveries d'aujourd'hui, qui sont presque toujours les réalités de demain, nous pouvons espérer une simplification encore plus radicale des procédés d'éclairage.

*
* *

Il existe toute une catégorie de corps, dits *phosphorescents*, qui jouissent de la propriété d'absorber de la lumière lorsqu'ils sont exposés au soleil ou même à la lumière diffuse du jour et de la rendre lorsqu'ils sont plongés dans l'obscurité.|

Le nombre de ces corps phosphorescents est assez considérable.

Les plus sensibles sont : le *phosphore de Bolo-*

gne, obtenu en calcinant avec une matière organique le sulfate de baryte, qu'on trouve aux environs de Bologne; le *phosphore de Canton,* qui est un sulfure de calcium préparé en calcinant un mélange de soufre et d'écailles d'huîtres en poudre; enfin certaines substances, telles que le sucre, la chair de quelques polypes, etc.

D'autres corps, désignés plus particulièrement sous le nom de *fluorescents* présentent également le phénomène de la phosphorescence, mais pendant une durée tellement courte que dans le mode d'observation ordinaire l'émission de la lumière par le corps paraît cesser en même temps que son éclairement par les rayons solaires.

Ce phénomène est plus commun que celui de la phosphorescence de longue durée. Il se produit avec la plupart des substances organiques, le sulfate de quinine, le chlorophyle et un certain nombre de substances minérales telles que le spath fluor et le verre d'urane.

Nous allions oublier, dans ces nomenclatures, le phosphore, qui doit son nom à cette intéressante propriété.

Mais tous ces corps sont faiblement phosphorescents; ils ne restituent qu'une très petite proportion de la lumière qu'ils ont reçue et ne donnent qu'une lueur ou une lumière. Il faudrait trouver (et je vous prédis qu'on y parviendra) une substance capable d'absorber une grande quantité de lumière quand elle sera soumise à la clarté du jour ou à une lumière artificielle quelconque, et de l'émettre petit à petit dans l'obscurité.

Déjà, sur les navires de la flotte anglaise, les matelots chargés du service des soutes à poudre s'éclairent avec des planchettes recouvertes d'une peinture phosphorescente qui suffit pour les guider.

Qu'un corps véritablement phosphorescent soit découvert, l'éclairage public se fera par un simple règlement de voirie. Les propriétaires des immeubles seront tenus de faire badigeonner leurs façades, à des époques déterminées, avec la substance phosphorescente. Et, dès que la nuit viendra, les rues s'éclaireront petit à petit, d'elles-mêmes, comme par enchantement.

Chacun aura d'ailleurs la liberté, pour son éclairage intérieur, de faire recouvrir les murs de son appartement de papier et de peintures phosphorescentes.

N'est-ce pas là un éclairage idéal par sa simplicité? À moins de renouveler l'exploit de Josué, ce qui présenterait de sérieux inconvénients pour nos antipodes et pour l'équilibre du monde, nous ne croyons pas qu'on puisse trouver une solution plus radicale pour l'une des questions économiques les plus vitales.

.*.

Je ne veux d'autre preuve de l'importance de ce grand problème de l'éclairage public que le projet caressé par un architecte de talent, M. Bourdais, d'éclairer Paris tout entier à l'aide d'un ensemble de foyers électriques puissants placés au sommet d'une espèce de phare que son auteur appelle colonne-soleil.

M. Bourdais a exposé ses idées devant la Société des ingénieurs civils; nous allons en donner ici le résumé :

La colonne-soleil, haute de 360 mètres, se composerait d'un soubassement de 66 mètres de hauteur, destiné à servir de musée permanent de l'électricité.

Ce soubassement formerait à lui seul un véritable palais, dont les six étages atteindraient la hauteur des tours de Notre-Dame de Paris. Ses sous-sols serviraient à loger la grande usine électrique que nécessiterait l'éclairage du phare.

Au-dessus du soubassement s'élèverait la colonne, haute de 300 mètres, avec un noyau central en granit de 18 mètres de diamètre et une décoration métallique fer et cuivre.

Au centre de la colonne, un noyau vide, de 8 mètres de diamètre, servirait à des expériences scientifiques diverses. A ses anneaux successifs, seize chambres serviraient à des traitements aérothérapiques.

Inutile d'ajouter qu'une série d'ascenseurs élèveraient les visiteurs du sol jusqu'à la lanterne supérieure, surmontée d'un immense génie.

C'est au haut de ce monument gigantesque que seraient placés les foyers lumineux destinés à éclairer tout Paris. Il faudrait donc que la colonne fût édifiée en un point central de la capitale, au Carrousel, par exemple, pour rayonner utilement sur le cercle de 11 kilomètres de diamètre que forme la ville.

M. Sebillot, qui a fait l'étude de la partie électrique du projet, estime à 2 millions de becs carcels l'intensité lumineuse nécessaire pour qu'un Parisien, placé au point le plus éloigné, puisse encore lire facilement un imprimé. Cette intensité totale serait naturellement produite par divers foyers électriques dont les rayons seraient dirigés vers le sol par des réflecteurs argentés ou nickelés.

C'est là, on le voit, un projet vraiment grandiose et qui serait tout à fait digne de la grande manifestation industrielle de 1889.

Malheureusement, nous ne le croyons pas réalisable. Au point de vue de la construction, il ne présente pas de difficultés techniques dont il soit impossible de triompher. La colonne-soleil coûterait cher, très cher, mais serait exécutable. Quand au projet d'éclairage, qui serait sa raison d'être, nous doutons qu'il puisse l'être, dans l'état actuel de la science, sans donner lieu à de cuisants mécomptes. Les expériences d'éclairage électrique par foyers uniques ont été encore trop peu nombreuses et trop restreintes, pour qu'on puisse se baser sur leurs résultats, qui d'ailleurs n'ont pas toujours été excellents, et franchir d'un coup la distance qui sépare une hauteur de 40 à 50 mètres, atteinte pratiquement, de la hauteur de 360 mètres.

2,000,000 de carcels supposent, dans les conditions de fonctionnement les plus favorables, environ 20,000 chevaux-vapeur de force motrice. Certainement, il n'y a rien là d'insurmontable, et les progrès de l'industrie nous ont habitués, petit à petit, à jongler avec les gros chiffres. Mais se figure-t-on facilement une telle usine au centre de Paris, avec la canalisation d'eau qu'elle exigera pour son alimentation et sa condensation, avec la fumée dont elle couvrira tous ses abords. Se figure-t-on également ce foyer énorme de 2,000,000 de becs carcels éclairant tout Paris d'une façon régulière, en dépit du brouillard, de la fumée et des accidents, trop fréquents, hélas ! avec les lampes électriques les plus simples.

J'avoue, pour ma part, que je ne vois pas que l'exécution de ce beau projet soit bien facile, aussi bien au point de vue financier qu'au point de vue technique.

Il a le défaut d'être prématuré.

Les audacieux sont aimés de la fortune, dit le proverbe. Nous n'y contredisons pas ; mais nous pouvons aussi, en terminant ces courtes réflexions, rappeler que l'imprudent Icare fut précipité sur la terre pour avoir voulu dérober un morceau du soleil.

CHAPITRE VII

La téléphonie à grande distance. — L'induction, c'est l'ennemi. — Invention de M. Van Rysselberghe. — Une dépêche télégraphique et une dépêche téléphonique passant
ensemble par un seul fil. — Un bon exemple à suivre. —
La canalisation de l'électricité. — Fils de bronze silicieux. — Entre Saïgon et Pnom-Penh.

Dans notre dernière causerie, nous faisions allusion à cette impérieuse nécessité de l'existence moderne d'augmenter la durée et de réduire l'espace,
pour faire *plus* ou *moins* de temps, en limitant à
leur strict minimum les heures consacrées au repos
et aux communications.

Les progrès que les questions d'éclairage ont faits
dans les dernières années donnent satisfaction à l'une
des formes de ce besoin; et les perfectionnements
vraiment extraordinaires apportés aux moyens de
communiquer la pensée à distance sembleraient indiquer que ce problème est complètement et définitivement résolu, si le progrès pouvait jamais atteindre
ses limites.

Nous voulons parler de cette merveilleuse inven-

tion du téléphone si jeune et pourtant si complète.
Nous n'en referons pas ici l'histoire. Elle est connue
de tous. Nous voulons seulement l'aborder par
quelques-uns de ses points particuliers et de ses
révélations les plus récentes.

*
* *

Les transmissions téléphoniques se font aujour-
d'hui d'une manière pratique et régulière dans l'intérieur des villes. Il était naturel qu'on recherchât le
moyen de relier les villes entre elles, ou, ce qui
revient au même, de transmettre la voix articulée à
grande distance.

Les premiers essais, dans cet ordre de recherches,
remontent à 1877; ils ont été poursuivis pendant
plusieurs années sans succès bien prononcés; car,
généralement, ils étaient faits sur des lignes déjà
existantes et dans le voisinage d'autres fils. Or, il se
produit un phénomène appelé *induction* qui résulte
de l'action qu'un courant électrique traversant un
conducteur exerce sur les fils avoisinants. Cette induction détermine des crépitements qu'on désigne
ordinairement sous le nom caractéristique de *fri-
ture* et qui empêchent de distinguer les paroles.
Elle produisit ses perturbations ordinaires au cours
de la plupart des expériences à grande distance dont
quelques-unes seulement réussirent à cause des cir-

constances favorables. C'est ainsi qu'on put correspondre entre la gare de l'Est et la gare de Nancy sur un parcours total de 353 kilomètres en opérant *pendant la nuit.*

L'induction de fil à fil est donc l'ennemi que les électriciens ont à vaincre, et l'on peut s'imaginer, d'après cela, si le nombre des câbles anti-inducteurs est considérable! Il égale presque celui des panacées infaillibles qui s'étalent à la quatrième page des journaux.

Malheureusement il en est peu qui soient à la hauteur de ce que promettent leurs inventeurs, et, à l'heure où nous écrivons, nous ne croyons pas qu'il existe un système d'anti-induction véritablement efficace, en dehors de celui qui a été imaginé en 1882 par un électricien belge, Van Rysselberghe.

Nous ne parlons pas bien entendu du procédé qui consiste à employer deux fils entre les deux postes, avec lequel l'induction n'existe pas.

Ce système est basé sur le principe suivant, qu'il a découvert :

« Lorsqu'on supprime la brusquerie des émissions » et des extinctions de courants, ceux-ci deviennent » silencieux et n'introduisent pas de bruits parasites » dans les transmissions téléphoniques. »

Il faut donc que les appareils télégraphiques, susceptibles de produire une induction pernicieuse sur

les fils téléphoniques voisins, soient munis d'organes
qui graduent les émissions et les extinctions de courants. Ces organes, familiers à tous ceux qui s'occupent
d'études électriques, sont de petits électro-aimants
et condensateurs qui, suivant l'opinion de M. Van
Rysselberghe, « sont aux courants électriques ce que
» sont les réservoirs à air dans les pompes à incen-
» die; ce sont, en quelque sorte, des poches qui se
» remplissent et se vident graduellement, en enle-
» vant ainsi toute brusquerie dans les changements
» de pression électrique. »

La conséquence capitale de ce fait, c'est que, non
seulement on pourra mettre les fils téléphoniques
au voisinage des réseaux télégraphiques, mais encore, et ceci est tout à fait remarquable, c'est que
les *mêmes fils* pourront servir *simultanément* aux
transmissions téléphoniques et télégraphiques.

Il faudra seulement, en pratique, séparer les
ondes télégraphiques des ondes téléphoniques, pour
que les deux services soient indépendants. Ce tami-
sage se fait par un condensateur de faible capacité,
qui arrête les courants télégraphiques et laisse passer
les autres.

Ce fait, qui paraîtra surprenant au premier abord,
s'explique par une comparaison ingénieuse de l'inventeur : « Le soleil, dit-il, nous envoie simultané-
» ment de la chaleur et de la lumière, deux mou-

5.

» vements vibratoires qui affectent nos sens d'une
» manière différente. Or, que l'on couvre d'une cou-
» che de peinture noire le vitrage d'une serre ex-
» posée au soleil, la lumière ne passera plus, mais
» la chaleur passera toujours. D'autre part, qu'on
» reçoive un rayon solaire sur une dissolution
» d'alun, cette fois c'est la lumière qui passe, tandis
» que la chaleur est absorbée. »

Le système complet de M. Van Rysselberghe, sur
les détails duquel nous n'insisterons pas, a été essayé les 16 et 17 mai 1882, entre Paris et Bruxelles,
dont l'éloignement est de 335 kilomètres.

Cette expérience a été d'autant plus concluante
qu'à l'entrée de Paris par le chemin de fer du Nord,
l'espace est sillonné d'un nombre considérable de fils
télégraphiques rapprochés les uns des autres.

Faite à huit heures du matin, c'est-à-dire à l'ouverture du service et au moment de la transmission
d'un grand nombre de télégrammes, elle s'est donc
accomplie dans des conditions systématiquement
très désavantageuses.

Et cependant l'ingénieur-inspecteur des télégraphes de Bruxelles, M. Banneux, a pu transmettre à
M. Cochery un télégramme *téléphonique* parlé, tandis que, par le même fil et au même moment, il faisait
passer une dépêche télégraphique à M. Cael, ingé-
nieur-directeur des télégraphes, à Paris.

Après cette expérience mémorable et plusieurs autres non moins probantes, le système de M. Van Rysselberghe est entré dans la pratique en Belgique pour les communications téléphoniques de ville à ville par le réseau télégraphique existant, dont la longueur totale est de 30,000 kilomètres. D'après le rapporteur à la Chambre des Représentants, l'appropriation complète du réseau ne coûtera que 150,000 fr. L'établissement d'un réseau téléphonique nouveau eût entrainé une dépense initiale de 3 millions !

Dès maintenant la communication permanente existe entre Bruxelles et Anvers. Elle sera établie bientôt entre tous les grands centres de la Belgique. Moins heureux que nos voisins, nous devrons attendre encore avant d'avoir en France nos communications téléphoniques interurbaines. Mais il est probable que notre patience ne sera pas soumise à une trop rude épreuve (1).

*
* *

Voilà donc nos fils télégraphiques devenus la grande voie des relations nationales et internationales.

---

(1) Depuis peu, Paris et Reims sont reliés téléphoniquement par le système Van Rysselberghe.

Déjà, grâce à l'appareil Baudot, un modeste fil de fer, à peine gros comme un crayon, suffit à transmettre jusqu'à 9,000 mots à l'heure ! Et maintenant, à ce flux d'écriture va pouvoir se superposer, sans le gêner, un flux de paroles téléphoniques ! N'est-ce pas véritablement merveilleux qu'on puisse prévoir comme très prochain le jour où l'on pourra ainsi rapprocher effectivement toutes les capitales de l'Europe à portée de la voix ?

Il est vrai que, pour cela, il faudra augmenter le diamètre du fil télégraphique. On ne peut exiger qu'il donne entre Paris et Vienne un rendement égal à celui qu'on obtient entre Paris et Bordeaux, sans qu'on élargisse un peu le passage. Malheureusement Vienne est loin, et notre fil de fer devra cesser d'être fil pour devenir barre ; ce qui n'est plus ni simple ni commode.

Comment faire dès lors ?

La réponse va suivre de près la demande.

*
* *

Tous les corps ne peuvent pas servir avec un égal avantage à la canalisation de l'électricité. Les métaux qui sont les meilleurs conducteurs présentent entre eux à ce point de vue spécial des différences considérables.

Si on les range suivant leur conductibilité décrois-
sante, on aura la série ci-après :

Argent............	100	Fer........... .	16
Cuivre........... .	100	Etain...........	15.45
Or...............	78	Platine.........	10 6
Zinc.............	30	Plomb....	8,8

Ce tableau s'applique aux métaux chimiquement
purs. Il signifie que l'argent et le cuivre sont les
corps les meilleurs conducteurs de l'électricité; que
l'or n'a que 78 0|0 de leur pouvoir conducteur, le
fer, 16 0|0 seulement, etc.

Au point de vue pratique de la canalisation de
l'électricité, il faut éliminer de cette liste : l'argent,
l'or et le platine, en raison de leur prix élevé; le
zinc, l'étain et le plomb à cause de leur peu de ténacité. On reste donc en présence du cuivre et du
fer, qui rachète en partie sa faible conductibilité
par son bas prix et sa grande résistance mécanique.

Le cuivre est le canalisateur ordinaire des courants électriques. Mais toutes les fois qu'il s'agit
d'établir des lignes aériennes comme celles du télégraphe, son emploi est condamné en raison de sa
facile extensibilité et de sa faible résistance à la rupture.

Aux débuts de la télégraphie électrique, vers
1848, une ligne aérienne en fil de cuivre fut installée
entre Rouen et Paris. On constata bientôt que, sous

la seule influence de son propre poids, le fil s'était
allongé d'une fraction considérable de sa longueur
initiale, ce qui correspondait à une double diminu-
tion de sa conductibilité, car l'allongement se produit
naturellement aux dépens de la section. En outre, la
flèche, que prenait le fil, le rendait accessible aux
passants dont la malveillance ou la cupidité pou-
vaient se donner librement carrière. C'est ainsi que,
faute d'une résistance mécanique suffisante, on dut
revenir à l'emploi du fer et de l'acier, qui ont exclusivement servi jusqu'à ces derniers temps à l'établissement des réseaux aériens.

*
* *

Tout récemment, un industriel français dont nous
avons déjà prononcé le nom, M. Lazare Weiller, eut
l'idée de reprendre la question et de rechercher le
moyen de donner au cuivre la ténacité qui lui fait
défaut, tout en lui conservant une grande conductibilité électrique. Il y est parvenu d'abord avec le
bronze phosphoreux, puis, plus complètement, avec
le bronze silicieux, qui sont des bronzes, c'est-à-dire
des alliages de cuivre et d'une petite quantité d'é-
tain, dans lesquels le passage du phosphore ou du
silicium a fait disparaître les particules d'oxyde de
cuivre nuisibles à une bonne conductibilité.

Dans ces conditions, M. Lazare Weiller a pu préparer des alliages gradués ayant des conductibilités variables, depuis celle du cuivre pur avec une résistance mécanique supérieure à celle du fer, jusqu'à celle du fer avec une résistance mécanique plus grande que celle de l'acier.

Pour ne citer qu'un exemple et montrer toute l'importance de cette invention, il suffit de dire que les fils télégraphiques ayant 5 millimètres de diamètre peuvent être remplacés par des fils de bronze silicieux de 2 millimètres de diamètre dont 1 kilomèt.e ne pèse que 28 kilos, au lieu de 155 kilos, c'est-à-dire six fois moins.

Or, il se trouve que, par suite de la dépréciation de la valeur du cuivre résultant de la découverte de mines nouvelles, le prix des nouveaux fils n'est guère supérieur actuellement à six fois celui des fils de fer.

Le kilomètre de chaque espèce de fil revient donc au même prix, et on a *pour rien* tous les avantages inhérents à l'emploi des fils de bronze.

Ces avantages sont nombreux. N'est-il pas évident tout d'abord que le poids des lignes devenant plus faible, cela correspond à une plus grande facilité de pose et à une économie sensible dans le nombre et les dimensions des supports ?

On sait que les fils d'acier et de fer sont livrés en couronnes pesant une vingtaine de kilos. Ces couronnes sont expédiées soit par chemin de fer, soit par voitures, et il arrive un moment où l'ouvrier chargé de la pose doit prendre la couronne et la porter à dos jusqu'à pied d'œuvre.

Il faut ensuite qu'il la soulève, la porte à l'échelle et la déroule dans une position plus ou moins commode. S'il s'agit de lignes téléphoniques, c'est dans des escaliers étroits et sur les toits que les hommes sont obligés de porter des poids encombrants et dangereux.

Et que sera-ce dans les pays privés de chemins de fer et de routes !

Avec les petits fils de bronze, tout cela devient simple et facile, et de plus, à cause de leur petit diamètre, ils sont rendus moins accessibles au vent et à l'accumulation de la neige, causes fréquentes de rupture des lignes.

Enfin, tout le monde sait avec quelle rapidité s'oxydent les fils de fer, malgré la protection galvanique qui les recouvre. Au bord de la mer et dans les régions industrielles, leur usure est extrêmement rapide. Le bronze se conserve, au contraire. Les armes de bronze des premiers âges qui sont parvenues jusqu'à nous en sont le témoignage.

A l'air, les lignes de bronze se recouvrent d'une patine protectrice qui en masque l'éclat. Le métal se conserve donc pour ainsi dire indéfiniment, et s'il est mis hors de service, ce n'est pas parce qu'il tombe en poussière comme le fil de fer. Les débris conservent leur valeur intrinsèque et peuvent retourner au creuset sans déchet.

Il n'est donc pas étonnant que ces fils aient été accueillis avec une grande faveur et qu'ils soient largement employés au fur et à mesure du remplacement des anciennes lignes et de la création des nouvelles par les différentes administrations télégraphiques. Eux seuls peuvent permettre les longues lignes internationales à grand débit, impossibles à réaliser avec les fils de fer.

Leur succès n'est pas moins grand pour les réseaux téléphoniques, dont un grand nombre (tous les réseaux aériens français en particulier) sont constitués avec des fils de bronze.

La ligne de Paris à Creil, que M. Marcel Deprez a fait installer pour sa grande expérience du transport de la force, est aussi un bronze silicieux.

*
* *

Nous ne nous attarderons pas sur ce sujet, naturellement un peu aride, et, pour l'épuiser, nous allons citer un cas intéressant de l'emploi des fils de M. Lazare Weiller.

L'établissement des nouvelles lignes télégraphiques

se heurte souvent à des difficultés absolument im-
prévues. Une correspondance de Saïgon nous a
révélé récemment une de ces difficultés qui se présentent rarement dans nos pays. Elle n'a pu être vain-
cue qu'aux prix de certains travaux assez considérables; mais la récompense a suivi de près l'effort,
puisque ces travaux ont permis de maintenir les
communications entre Saïgon et la capitale du Cam-
bodge, Pnom-Penh, à un moment où le maintien de
ces communications pouvait devenir une question
vitale pour notre colonie de Cochinchine.

Si on jette les yeux sur une des innombrables
cartes de l'Indo-Chine que les opérations militaires
du Tonkin ont rendues communes, on voit que nos
possessions de Cochinchine sont traversées par un
grand fleuve, le Mékong, qui prend sa source en
Birmanie et vient s'épanouir à la pointe' sud en un
large delta. Pnom-Penh est situé sur un bras du
Mékong.

Ce superbe fleuve est sujet à des crues régulières qui durent chaque année pendant quatre ou
cinq mois et qui atteignent la hauteur considérable
de 12 mètres. Le courant, gonflé par cet afflux,
prend une vitesse vertigineuse, arrache des berges
tout ce qu'il rencontre et roule dans ses eaux des
arbres énormes et des épaves de toute espèce.

Rien ne peut résister à un torrent pareil. Les

câbles télégraphiques qu'on a tenté d'immerger d'une rive à l'autre au moment des basses eaux annuelles ont été emportés à chaque crue suivante. Dès lors, plus de sécurité dans les communications. Il a fallu élever, des deux côtés du fleuve, large en ce point de 750 mètres, deux pylônes de 50 mètres de haut, afin de laisser le passage libre aux navires des plus fortes dimensions.

Jeter entre ces deux points une ligne en fil de fer, il ne fallait même pas y songer. Son poids eût renversé les pylônes. Le bronze phosphoreux parut donner une solution providentielle. On essaya ; mais sous son poids ce fil s'allongea petit à petit et finit par se rompre au premier orage.

Heureusement, l'ingénieur des télégraphes ne se découragea pas. Après l'insuccès du fil de bronze phosphoreux, il s'adressa au fil de bronze silicieux. Il fit une nouvelle ligne avec ce fil employé sous les diamètres de 1 millimètre et de 1 millimètre 40. Dans ces conditions, la ligne s'est maintenue et une communication permanente a été assurée, malgré deux énormes portées de 750 mètres et de 510 mètres sur le Mékong et un de ses affluents.

*
* *

C'est là un de ces succès modestes que le public,

peu soucieux des moyens employés, pourvu que le résultat soit acquis, ignore d'ordinaire.

Il n'en est pas moins vrai qu'à un moment de troubles, la sécurité de toute une colonie peut ne tenir véritablement qu'à un fil.

Tout peut être sauvé, comme on le voit, si le fil est bon et solide.

CHAPITRE VIII

Canon-géant et torpilleur.— Fulton et le *Nautilus*.— M. Thornycroft. — Le torpilleur n° 68 à Paris. — La torpille
Whitehead. — Tout pour la vitesse. — La transformation
de l'outillage naval. — Le canon de Bange. — Les
canons de cent tonnes. — Le monstre vaincu par le
microbe.

Le hasard vient de réunir à Paris, ces jours derniers, sous les yeux du public, deux terribles engins
de combat qui sont les deux extrêmes dans l'art, si
perfectionné aujourd'hui, de s entre-détruire les uns
les autres.

Le premier est un torpilleur, construit par MM. A.
Normand et Cᵉ, qui s'est rendu de Cherbourg à Toulon par les voies fluviales intérieures de la France ;
le second est un canon-géant qui a été construit à
l'usine Cail sur les plans du colonel de Bange et
qui, après avoir été soumis, pendant une semaine,
à la curiosité de nombreux visiteurs, vient d'être
envoyé à l'Exposition universelle d'Anvers.

Du haut de son gigantesque affût, le canon de

Grenelle semblait jeter un défi au petit bateau amarré au pont de la Concorde. Ce sont bien là, en effet, les deux termes antagonistes de la science navale. Qu'il soit destiné à la défense des côtes ou placé à bord d'un cuirassé, le canon est appelé à fouiller de ses projectiles la mer où évoluera le torpilleur.

*
* *

Depuis vingt-cinq ans la lutte a été ardente entre la cuirasse et le canon, et rivalisant d'habileté, d'efforts, de dépenses aussi, les puissances maritimes en sont arrivées à créer un ou⸱ ⸱ ⸱ de guerre formidable, composé de cuirassés cⱶ ⸱ ⸱t 20 à 25 millions, armés de canons énormes, montés par 5 à 600 hommes d'équipage, se déplaçant avec la majesté que comporte un aussi gigantesque appareil.

Ils marchent avec une vitesse maxima de 12 à 13 nœuds à la minute, c'est-à-dire (puisque le nœud est la soixantième partie d'un mille marin de 1,852 mètres) avec une vitesse horaire de 22 à 23 kilomètres.

C'est donc à cause de leur vitesse relativement faible que les cuirassés sont vulnérables. C'est elle qui les livre aux coups des torpilleurs.

*
* *

Nous étonnerons bien des personnes en leur apprenant que l'invention des torpilles et des torpilleurs est déjà vieille de plus de cent ans. Elle remonte au célèbre Fulton. Après de nombreux essais en Amérique, il vint en France et expérimenta, en 1801, un bateau sous-marin appelé le *Nautilus*, pouvant évoluer au-dessous de la surface de l'eau et venir déposer aux flancs des navires ennemis une machine infernale que faisait éclater un mouvement d'horlogerie.

Les essais de Fulton effrayèrent le gouvernement anglais ; il profita de leur lenteur et de l'indécision de Bonaparte et fit offrir à l'inventeur de lui acheter son secret pour 15,000 dollars. C'était pour mettre la lumière sous le boisseau. Après plusieurs années d'entraves et d'obstacles de toute espèce, Fulton quitta l'Angleterre en 1806, et, découragé, cessa de s'occuper de cette terrible invention qui ne devait être reprise que de longues années après.

Malgré plusieurs tentatives faites en France, en Amérique et en Angleterre, le véritable promoteur de bateaux à grande vitesse, propres au service des torpilles, est M. Thornycroft, ingénieur anglais, qui a donné son nom aux premiers torpilleurs. Après s'être adressé à cet ingénieur, la marine française fait faire ses torpilleurs par des constructeurs français.

Les récents exploits de nos marins dans les mers de la Chine ont popularisé les torpilles et les torpilleurs. On a la preuve de la curiosité qu'ils excitent dans la patience avec laquelle, pendant trois jours entiers, la foule s'est portée sur les quais et sur le pont de la Concorde pour voir arriver ce fameux torpilleur n° 68, dont les journaux annonçaient la venue et qui ne paraissait jamais. Enfin, le samedi 9 mai, il s'est amarré au quai voisin du Palais Bourbon, et tous les badauds de Paris ont défilé devant lui. De rares privilégiés ont pu monter à bord et visiter son intérieur.

C'est un bateau allongé, sans mâts, long de 33 mètres, pesant 49 tonnes, monté par un équipage de douze hommes, commandés par un lieute nant de vaisseau. En marche normale il file dix-huit nœuds, mais au moment décisif la vitesse pourrait atteindre vingt et un nœuds.

Il est clair qu'avec une telle vitesse, presque deux fois égale à celle des cuirassés, le torpilleur sera presque toujours sûr d'atteindre son adversaire. De nombreuses expériences ont été faites pour se rendre compte des chances de la défense et de l'attaque. Elles ont été presque toujours favorables au torpilleur. Malgré l'avertissement donné aux cuirassés, qui étaient, par conséquent, sur leurs gardes, malgré les feux électriques croisés dont ils éclairaient leurs abords, ils ont rarement découvert leur ennemi à une distance où ils auraient pu le combattre efficacement. Presque toujours, au moment où il a été signalé, il eût été trop tard, la torpille eût été lancée et le désastre inévitable.

Les combats de la guerre turco-russe, et, il y a quelques mois, ceux de la rivière Min et de Sheï-Po, ont démontré l'action terrible des torpilleurs et des torpilles. Encore faut-il rappeler que, dans ces deux derniers faits d'armes, l'engin destructeur était une torpille de petite dimension qui n'était pas lancée à distance, mais qui était portée à l'extrémité d'un espar jusqu'aux flancs du navire ennemi. Dans le second même, les bateaux torpilleurs étaient de simples chaloupes à vapeur armées pour la circonstance.

Les torpilles sont, en effet, de divers types; outre les torpilles destinées à la défense des côtes et celles que le bateau porte à l'extrémité d'une longue perche jusqu'au bordage qu'elle doit percer, il existe des torpilles auto-motrices, véritables projectiles qu'on lance à l'aide de tubes et d'une charge de poudre, et qui continuent leur marche sous l'eau avec une vitesse de 10 à 15 nœuds, grâce à un mécanisme intérieur. Ces torpilles, qu'on nomme Whitehead, du nom de leur constructeur, contiennent une charge explosible qui éclate au moment du choc.

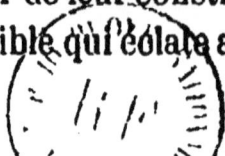

6

Cet engin mesure 4ᵐ40 de longueur. Le torpilleur doit en porter 4. Chacune d'elles coûte 8 à 10,000 francs.

Les torpilles Whitehead sont lancées à 2 ou 300 mètres de distance du navire qu'on attaque. Le résultat est peut-être moins certain qu'avec les torpilles ordinaires, car elles peuvent être déviées de leur route par les mouvements de la mer ou arrêtées par les filets protecteurs dont s'entourent les cuirassés ; mais elles sont plus puissantes et elles atténuent pour le torpilleur et son équipage les dangers de l'attaque.

*
* *

Ainsi, voilà un petit bateau léger, rapide, coûtant environ 200 ou 250,000 francs, qui, monté par un équipage audacieux, peut détruire en quelques minutes un énorme cuirassé coûtant cent fois plus cher et monté par 600 hommes !

Le revers de la médaille, c'est que le torpilleur étant construit dans le but d'atteindre la plus grande vitesse possible, tout est sacrifié à l'obtention de cette vitesse. Il en résulte que le séjour en est extrêmement pénible, même pour les marins les plus éprouvés, la place y est très mesurée, les trépidations constantes ; surtout par les gros temps, on y est secoué d'une façon épouvantable. Pour commander un torpilleur, il ne suffit pas d'avoir du sang-froid et du coup d'œil, on peut dire qu'il faut avoir encore un estomac des plus solides.

Il est vrai que, lors de manœuvres récentes, deux torpilleurs, portant les numéros 63 et 64, sont allés seuls du Havre à Toulon, et qu'ils ont accompagné l'escadre dans ses évolutions de France en Tunisie, en Algérie et au Maroc. L'épreuve est intéressante et elle démontre, ce dont on ne doutait pas, d'ailleurs, l'énergie et le dévouement de nos marins. Faut-il en conclure que les torpilleurs peuvent fonctionner comme un organe autonome, indépendant, formant une unité tactique distincte; ou faut-il les considérer comme des engins auxiliaires devant servir en quelque sorte d'éclaireurs et manœuvrant avec une base d'opération et de ravitaillement puissante et sûre, soit un port de mer où ils s'abriteront, soit un cuirassé qui les portera? C'est là un problème dont l'avenir nous réserve la solution.

*
* *

Quoi qu'il en soit, les puissances maritimes transforment actuellement leur outillage naval et font construire un grand nombre de torpilleurs. Elles

sentent 'outes qu'il faut, comme l'a écrit M. Gou-
geard, l'ancien ministre de la marine du cabinet
Gambetta, « sortir et à tout prix de cette période
» troublée, absurde et invraisemblable, de ce cau-
» chemar sans nom, où 600 hommes et 20 millions
» sont mis dans un plateau de la balance, 10 hom-
» mes et 200,000 fr. dans l'autre. »

Et l'alternative se pose pour la France avec d'autant plus de gravité que son ennemie d'hier et de
demain crée actuellement de toutes pièces un matériel naval nouveau sans être engagée, comme nous
le sommes nous-mêmes, dans la coûteuse construction de gigantesques cuirassés, dont plusieurs
sont encore sur le chantier et ne s'achèveront qu'au
prix de plus de 100 millions.

Pour chaque cuirassé construit on peut avoir dix
torpilleurs. C'est là une équivalence redoutable !

*
* *

Que l'avènement du torpilleur soit la fin du cuirassé et du canon monstre, on devrait cependant en
douter quand on voit, comme nous l'avons vu, le
même jour, le torpilleur Normand et le canon de
Bange, tous les deux construits nouvellement et se
rendant tous les deux à leur destination.

Rapprochons ici quelques chiffres : le torpilleur

tout entier avec sa machine et son outillage pèse
49,280 kilos. Le canon de Bange pèse 37,500 kilos;
son affût, 22,000 kilos; son grand châssis, 20,000 kilos. Les commentaires se présentent d'eux-mêmes.

Lorsque, il y a quelques mois, nous avons vu le
canon monté sur son tour où sa surface se dérou-
lait en fins copeaux d'acier, il apparaissait à distance comme un tube de très grande longueur. Il a
en réalité 11^{m}20. Sa surface a été recouverte de
frettes, c'est-à-dire de bagues en acier dont les couches augmentent de la bouche à la culasse.

Ces frettes, chauffées à 300 ou 400 degrés, ont
été enfilées sur le tube placé verticalement. En se
refroidissant, elles se sont contractées de façon à
adhérer fortement. Cette adhérence a été rendue
encore plus énergique grâce à la forme biconique
de la surface des frettes. C'est là une des origina-
lités et des nouveautés du système. Cette biconicité
empêche la possibilité d'un déplacement longitu-
dinal; elle produit la solidarité absolue du canon et
de son frettage.

Le système de fermeture de la culasse est le
même que celui de toutes les pièces de l'artillerie
française, dues également, comme on le sait, au
colonel de Bange.

La canon a 1^{m}05 de diamètre à la culasse; le
diamètre de l'âme, c'est-à-dire du vide intérieur, est

6.

de 0^{m}34; celui de la chambre à poudre est de
0^{m}245. La surface intérieure porte 144 rayures de
0^{m}0015 de profondeur.

Le projectile est un obus ogival qui a 1^{m}27 de
hauteur et dont le poids varie de 420 à 600 kilos,
suivant la poudre qu'il contient. La charge du canon
est de 180 à 200 kilos.

Dans ces conditions, le projectile parcourra
650 mètres dans la première seconde, et sa portée
sera de 17 à 18 kilomètres.

Le canon est porté sur un affût et un grand
châssis placés sur une plate-forme. Le chargement
se fait à l'aide d'une grue mue par un appareil hydraulique.

Ce canon, qui se recommande par sa légèreté
relative et ses propriétés balistiques, n'est pas le
plus gros qu'on ait construit. En 1882, sir William
Armstrong, le célèbre ingénieur anglais, en cons-
truisit quatre, qui pesaient chacun *cent* tonnes. Ils
coutèrent environ deux millions et demi de francs.
Leur charge était de 189 kilos 7; le projectile pe-
sait 912 kilos 500 et avait une vitesse de 484^{m}6 à la
sortie de l'âme.

Si l'on réfléchit au prix énorme de ces pièces, à
leur peu de mobilité, au prix énorme de chaque
coup, qui ne s'élève pas à moins de 2,500 francs, et
dont l'effet sera toujours douteux, on peut se de-

mander si ces tours de force de mécanique valent les dépenses qu'ils occasionnent.

Le canon de Bange constitue sur ces énormes pièces anglaises un progrès considérable, puisque, sous un poids trois fois moindre, il a des effets balistiques supérieurs. Il n'en est pas moins vrai que si, revenant aux réflexions que nous faisions au commencement de cet article, nous mettons en parallèle le torpilleur et le canon, l'efficacité de leurs effets et leur prix initial, nous pourrons conclure que dans les luttes de l'avenir, si nous ne devons pas y échapper, c'est le monstre qui succombera et disparaîtra devant le microbe.

CHAPITRE IX

L'Exposition de meunerie et de boulangerie. — Son opportunité. — Ses promoteurs. — Ce qu'il y a dans un grain de blé. — Son nettoyage. — Meules et cylindres. — L'industrie des meules en France. — La farine de — gruau.— Vieux moulins et moulins modernes. — Boulangerie et pâtisserie.— Paroles de Diderot.

Le 19 septembre 1798, sous le ministère de François de Neufchâteau, s'ouvrait au Champ-de-Mars la première Exposition universelle. Elle réunit cent dix exposants et dura quinze jours.

Depuis cette époque déjà lointaine, des Expositions se sont succédées à divers intervalles dans tous les pays civilisés. D'abord nationales, elles sont devenues de grandes fêtes internationales, où les peuples du monde entier étaient conviés. Puis, se spécialisant, par suite du développement extraordinaire des industries, elles ont commencé à se multiplier et à se reproduire avec une telle rapidité qu'il n'est pas rare d'en voir plusieurs ouvertes simultanément dans la même ville.

C'est ce qui se passe généralement à Paris, où, sans compter le Salon annuel de peinture et de sculpture et quelques autres expositions d'art moins importantes, les amateurs de fleurs peuvent aller admirer les merveilles de l'exposition d'horticulture ; les ingénieurs et les philosophes, l'exposition de la meunerie et de la boulangerie.

*\
* *

Je dis les philosophes, car il y a matière à réflexions graves et à pensées profondes dans ces galeries pleines de vie et de mouvement, où tout s'agite et converge vers cet infiniment petit : *le grain de blé* d'où sortira « *le pain* », but final des efforts de l'humanité tout entière.

Elle était nécessaire, cette exposition, au moment où, parmi tant de crises, celle-ci se dresse menaçante. Le blé devient chaque année plus rare en France et les importations plus considérables, les procédés de meunerie étrangère plus perfectionnés et leur concurrence plus redoutable. Aussi vient-elle à propos entre l'exposition des tableaux et celle des fleurs pour rappeler au public que si l'homme vit par l'esprit, il vit d'abord par le pain, pour stimuler le zèle et l'ardeur des industriels qui, à divers titres, concourent à sa fabrication ; enfin, pour appeler l'attention des pouvoirs publics sur une question vitale et toujours plus poignante.

Nous avons constaté, non sans émotion, mais avec joie, que là où il y a production de pain il y a toujours manifestation de la charité. Dans une des annexes de l'exposition, une œuvre philantropique qui ne saurait être trop encouragée, « *la Bouchée de pain* », reçoit de malheureux affamés et leur distribue une partie du pain fait à l'exposition.

Il faut retenir le nom des hommes de bien qui ont pensé à faire cette exposition sérieuse. Ce sont : MM. Lockert et de Karnebeck, l'un commissaire, l'autre administrateur de l'exposition, dont le président est M. Jules Armengaud, conseiller municipal de la ville de Paris, l'ingénieur bien connu.

Le point de départ de l'exposition est le grain de blé, organisme en apparence simple et dont la transformation en farine exige des prodiges d'ingéniosité mécanique. Prenons un grain de blé et examinons-le attentivement, que verrons-nous ? Un corps ellipsoïdal, divisé en deux parties égales par une fente longitudinale, terminé à l'une de ses pointes par une petite saillie qui est le germe, à l'autre, par un fin bouquet de poils. Puis, trois pellicules superposées qui enveloppent l'amande et qui donneront le son. Dans cette amande elle-même, plusieurs zones de duretés différentes qui produisent à la mouture des farines de qualités variées.

Si l'on broyait le grain tel qu'il est, se contentant de séparer le son, qu'arriverait-il? Une fois le son éliminé, on obtiendrait une farine grise, mélangée de poussières, de détritus de toute espèce mêlés aux débris écrasés d'une foule de graines qui poussent côte à côte avec le blé et que la moisson recueille.

Cette farine ne pourrait produire qu'un pain médiocre semblable à celui que nous avons mangé pendant le siège de Paris, alors que la nécessité imposait une mouture plus rapide que soignée. Mais en temps ordinaire, et surtout en France, où les habitudes de bien-être sont plus enracinées qu'en tous autres pays, ce qu'on veut, c'est un pain formé avec la farine de gruau, c'est-à-dire le produit de la mouture du centre du grain, purifié de tout mélange.

Que d'opérations pour arriver à un tel résultat !

Le blé arrive au moulin sali par la poussière, mêlé à des pierres de diverses grosseurs. Une première opération devra le nettoyer ; il faudra ensuite, par des trieurs spéciaux, séparer les graines rondes et les graines longues, extraire, à l'aide d'un vif courant d'air, les graines légères, le blé attaqué par les charançons, le blé germé, etc.

Viendra après le brossage du blé, qui lustrera sa

surface et en détachera la poussière adhérente à sa pellicule extérieure. On enlèvera aussi le bouquet de poils qui orne l'une de ses extrémités. Puis, fendu en ses deux parties, le grain laissera échapper son germe et la poussière que retenait son sillon médian.

L'utilité de l'enlèvement du germe a été démontrée dans un mémoire publié par M. Aimé Girard, le savant directeur du laboratoire municipal de la ville de Paris. Il a prouvé que les germes contiennent une huile qui rancit facilement à la longue et aussi sous l'influence du dégagement de chaleur qui accompagne la mouture. Cette huile rancie communique au pain un goût savonneux caractéristique et d'ailleurs assez désagréable. Les farines qui sont faites avec du blé dégermé ne présentent pas cet inconvénient. Mais, par contre, on a constaté qu'elles donnent un pain moins plastique et devenant plus vite dur que le pain fabriqué avec des farines de blé non dégermé. M. Ch. Lucas, directeur du marché des farines « Neuf-Marques », s'est livré à cet égard à des recherches intéressantes. Il a pris une certaine quantité de farine de blé dégermé et l'a divisée en deux parties égales. Dans l'une, il a ajouté une petite quantité d'huile d'amandes douces correspondant à celle qui se trouve dans les germes. Cette huile est d'ailleurs d'un goût analogue. Il a ainsi obtenu deux qualités de pain, et la seconde, soumise à l'appréciation d'experts, a été trouvée bien préférable et d'une conservation plus facile.

M. Lucas en conclut que la suppression du germe est loin d'être nécessaire dans les farines qui doivent être panifiées immédiatement; que son élimination est, au contraire, indispensable dans les farines destinées à un approvisionnement en magasin. Celles-ci devront être, au moment de leur entrée en boulangerie, additionnées d'une petite quantité d'huile d'amandes douces (2 0/0 environ) pour rendre la panification plus facile et le pain meilleur.

*
* *

Toutes les opérations qui ont pour but de faire la toilette des grains s'exécutent mécaniquement dans une série d'appareils qui les traitent successivement et qui, recevant à l'origine le blé tel qu'il vient de la moisson, rendent à l'arrivée un grain ouvert, net de toute impureté.

Il n'est pas jusqu'aux particules de fer, provenant des instruments aratoires ou de tout autre cause, qui ne soient préalablement extraites à l'aide d'aimants puissants.

Alors le blé est prêt pour aller à la meule.

*
* *

Dans l'une des galeries, sous une vitrine exposée

7

par le Conservatoire national des Arts et Métiers, on voit une meule informe datant de l'époque romaine, et trouvée aux environs de la Ferté-sous-Jouarre, en pleine contrée d'exploitation meulière. A la surface de cette meule, rongée par l'usage et par le temps, l'œil distingue la trace de cannelures identiques à celles des meules actuelles.

C'est dire combien l'outillage de la meunerie avait fait peu de progrès jusqu'à ces dernières années. Dans les moulins à meule d'aujourd'hui, comme dans ceux d'autrefois, le grain arrive entre deux disques de silex superposés, dont l'un tourne sur l'autre. A la surface de ces disques sont tracés des canaux rayonnants peu profonds qui dirigent le grain et en facilitent la mouture. Un moteur à vapeur à eau ou à vent met cet engin en mouvement.

*
* *

L'industrie de la fabrication des meules est une industrie toute française. Elle a son siège principal à la Ferté-sous-Jouarre où, tout récemment, diverses carrières indépendantes se sont réunies en une exploitation unique, centralisée sous une même direction par la Société Générale Meulière.

C'est de là que part tous les ans la majeure partie des 17 à 18,000 meules, en bloc ou en morceaux séparés, qui constituent la moyenne de l'exportation française. Cette exportation correspond à une valeur totale de 5 millions de francs.

Malheureusement pour elle, l'industrie de la fabrication des meules est menacée par une concurrence redoutable. Les producteurs étrangers, les Hongrois surtout, désireux de s'en affranchir, ont étudié et perfectionné un outillage nouveau qui remplace la meule ancienne par deux cylindres en fonte dure tournant l'un contre l'autre à des vitesses un peu différentes et produisant ainsi l'écrasement du blé.

L'emploi des cylindres s'est propagé avec une rapidité très grande, et la lutte de l'organe nouveau contre l'organe ancien est en ce moment le sujet d'une polémique passionnée. Les partisans des meules et les partisans des cylindres dépensent des torrents d'encre ; l'exposition permettra certainement de démêler la vérité entre leurs affirmations contraires. Quoi qu'il en soit, il est certain que les cylindres font aux meules françaises une concurrence dangereuse. Ils n'ont pas encore pénétré profondément dans la meunerie française, puisque sur 65,000 moulins, une cinquantaine seulement les ont adoptés. Mais cela tient probablement, pour le plus grand nombre, à ce que les meules durent très longtemps, trente ans environ; c'est un outillage cher, puisque la paire de meules, sans accessoires, vaut environ

1,000 fr. Les meuniers reculeront donc avant de
transformer un outillage qui leur a coûté cher et qui
peut rendre des services pendant de longues années
encore. Mais après? Il ne nous paraît pas douteux
que la mouture au cylindre parvienne à triompher.

*
* *

Meules ou cylindres font un premier broyage du
grain. Ce broyage a surtout pour but de décortiquer
la graine, c'est-à-dire de lui enlever son écorce et de
produire des granules blancs, provenant du concas-
sage de l'amande et désignés sous le nom de *gruaux*.
On ne cherche pas, en effet, à produire immédiatement la farine. En meunerie, comme en bien des
choses, il faut savoir ne pas trop se presser.

Dans les moulins qui emploient des cylindres, le
premier broyage se fait entre des cylindres dont la
surface est couverte de cannelures peu profondes et
qui ont pour but, non de moudre, mais de donner
la plus grande quantité possible de gruaux. Cette
opération ne se fait pas sans qu'il se produise un peu
de farine mélangée à du son. Mais cette farine est
nettoyée à part et n'est pas réunie à la farine de
gruaux. Cette dernière est obtenue par leur fin
broyage entre des cylindres à surface lisse en métal
ou en porcelaine. Ils donnent cette belle farine
blanche qui sert à faire le pain de luxe, blanc et beau

d'apparence, mais moins nourrissant que celui qui provient de la farine ordinaire.

*
* *

La séparation du son et de la farine et le nettoyage des gruaux sont faits par deux séries d'appareils qu'on appelle *blultoirs* et *sasseurs*.

Les *blultoirs* sont de grands cylindres dont la partie extérieure est recouverte de fines toiles de soie. Le mélange de farine et de son arrive à la partie inférieure du cylindre. De grandes palettes hélicoïdales fixées à l'axe du cylindre et tournant en même temps que lui soulèvent les matières et les projettent contre les toiles. La farine passe au travers et est recueillie au fond du coffre qui contient le cylindre. Le son, au contraire, reste à l'intérieur.

Les *sasseurs* servent à extraire des gruaux les parcelles de son qui les souillent. Ils font en même temps un classement des gruaux suivant leur densité, ce qui permet d'obtenir plusieurs qualités de farines.

Ces appareils sont généralement formés de deux tables superposées animées d'un mouvement de va-et-vient et de secousses régulières. La table supérieure a pour fond une gaze à bluter, l'autre a un fond plein. Les gruaux amenés sur la première passent au travers des mailles de la toile, tandis que

la compression d'air que produit le mouvement des
tables l'une vers l'autre soulève et entraîne les particules légères. Les gruaux tombent ensuite devant
plusieurs orifices de ventilateurs qui terminent leur
nettoyage et font le classement dont nous avons
parlé.

* *
*

Ce que nous venons de dire des principales opérations de la meunerie moderne suffit pour l'expliquer dans ses lignes générales et aussi pour montrer combien le nettoyage du blé, sa mouture, le
triage et la classification des farines, comprennent
de phases multiples et exigent de soins minutieux.
On s'en est rendu facilement compte en visitant l'exposition et surtout la première halle des machines où
les appareils étaient en mouvement, et dans laquelle on
pouvait voir plusieurs types de moulins complets en
plein fonctionnement. Le parc présentait aussi un modèle de moulin isolé, installé dans un élégant chalet
à deux étages et mis en mouvement par une machine
à vapeur.

Que ces moulins sont loin de ressembler à nos
vieux moulins d'autrefois, vieilles masures vermou-
lues, dont la roue ou les grandes ailes ont fourni
tant de thèmes faciles à l'imagination des peintres
et des poètes !

Adieu mon vieux moulin, cher aux rimeurs de sonnets! Je défie bien le mieux inspiré d'entre eux de trouver la matière de ses quatorze vers dans les savantes combinaisons mécaniques de ceux qui te remplacent aujourd'hui!

C'est la loi du progrès qui te condamne, et quel progrès! est-il supérieur à celui qui tend à nous donner à meilleur marché notre pain de chaque jour?

*
* *

Les procédés de mouture ne formaient qu'une partie, la plus importante il est vrai, de l'intéressante exposition que nous décrivons. La boulangerie et la pâtisserie, avec leurs nombreux accessoires, la complétaient et contribuaient à lui donner une apparence moins austère.

Mieux que les machines de la meunerie, au milieu desquelles le bon public se trouve un peu dépaysé, les opérations plus populaires de la boulangerie, l'attrait d'étalages chargés de pâtisseries, la gourmandise facilement éveillée par les confiseries, enfin les démonstrations amusantes du découpage des légumes et des fruits, retiennent la masse des visiteurs curieux qui sont le plus sérieux soutien financier des expositions.

Ici, cette catégorie, si intéressante à étudier, trouve

facilement l'aliment de sa badauderie; si les meuniers de profession se pressent dans les galeries de
machines, où leur présence se révèle par les indica-
tions très nombreuses d'appareils achetés depuis
l'ouverture de l'exposition, les oisifs, la foule qui
cherche à tuer le temps en s'instruisant sans efforts,
se dirigent plutôt vers les galeries où l'on voit les
pétrins mécaniques, si nombreux et pourtant encore
si peu appliqués dans la boulangerie, les fours au
bois, à la houille, au coke, à la vapeur, à l'eau
chaude, les machines à cuire, à rôtir, à couper la
viande, les légumes, etc., et les boutiques de ca-
melots !

Une salle de conférences, un kiosque à musique
et un buffet complétaient les attraits de l'exposition.

293 exposants français et 61 étrangers ont
répondu à l'appel des organisateurs. Ce nombre,
déjà respectable, eût été certainement plus grand, si
tous les industriels auxquels ils se sont adressés
avaient pu prévoir son succès.

Que cette exposition ait été un succès d'argent
pour ceux qui l'ont créée, nous n'en doutons pas,
car le résultat est déjà acquis pour la plupart des
exposants, dont la satisfaction éclate de tous côtés
en de nombreux avis des appareils vendus depuis
l'ouverture. C'est un fait dont tout le monde doit

se réjouir, car il atteste le réveil d'une industrie dont l'importance n'échappe à personne.

Mieux que toute autre exposition, celle-ci justifie les paroles de Diderot :

« Le spectacle de l'industrie humaine est en lui-
» même grand et bienfaisant. Les artisans se sont
» crus méprisables autrefois parce qu'on les a mé-
» prisés. Apprenons-leur à mieux penser d'eux-
» mêmes. C'est le seul moyen d'en obtenir des pro-
» ductions plus parfaites. »

Ces pensées devraient êtres écrites au fronton même de toutes les expositions industrielles.

CHAPITRE X

La tour de M. Eiffel. — L'obélisque de Washington. — Laid,
inutile et coûteux. — L'Eclairage de l'Atlantique. — Un
projet dans l'eau. — Les Icebergs. — A l'Opéra. —
300,000 francs de gaz par an. — Aperçus généraux sur
l'éclairage électrique des théâtres.

Nous avons parlé, il y a quelque temps, du projet conçu par deux architectes. MM. Bourdais et
Sébillot, d'élever au centre de Paris une colonne
gigantesque en maçonnerie, portant à son sommet,
à 360 mètres au-dessus du sol, un ensemble de puissants foyers électriques destinés à éclairer Paris
tout entier.

Ce projet a été longuement et sérieusement étudié sous toutes ses faces à la Société des Ingénieurs
Civils, qui a également examine une étude analogue
due à un constructeur bien connu par ses grands
travaux de ponts et de charpentes métalliques,
M. Eiffel.

Tandis que la tour de M. Bourdais est en granit,

celle de M. Eiffel est entièrement formée par des poutres en fer. Elle présente à sa base un tronc de pyramide quadrangulaire, ouvert sur ses quatre surfaces par quatre grandes baies semi-circulaires de 80 mètres d'ouverture et de 50 mètres de hauteur. Au sommet de cette première assise se trouve une grande galerie vitrée de 15 mètres de largeur faisant, à 70 mètres de hauteur, le tour de l'édifice.

Une seconde pyramide, analogue à la première, lui est superposée. Elle supporte le deuxième étage, formé par une salle carrée vitrée ayant 30 mètres de côté.

Au-dessus, se rétrécissant de plus en plus, s'élève le troisième étage, surmonté lui-même d'une colonne quadrangulaire qui se termine à 300 mètres de hauteur par un belvédère de 250 mètres carrés de surface, d'où le regard embrassera le magnifique panorama de Paris et de ses environs sur une surface de plus de 120 kilomètres d'étendue.

L'aspect de cette tour est plus élégant que celui de la tour de MM. Bourdais et Sébillot. Sa construction, faite entièrement en poutres en fer et rappelant le treillis des ponts métalliques, est moins lourde et plus gracieuse.

Mais ce qui nous plaît surtout dans ce projet, c'est qu'il est de prétentions plus modestes. Son auteur n'en fait pas un support de soleil, quelque chose comme le chandelier gigantesque de Paris. Il lui donne la mission plus humble d'éclairer l'étendue de la future exposition sur un cercle d'un kilomètre de diamètre, à l'aide d'un nombre restreint de lampes électriques.

Il perd ainsi, au moins en apparence, le caractère d'utilité auquel prétend le projet concurrent, et, dès lors comment pourra-t-on trouver le capital élevé (3 millions 155,000 fr.) que nécessitera sa construction?

M. Eiffel a cherché dans l'opinion de divers savants les arguments sur lesquels il a voulu étayer son projet. M. Hervé-Mangon, l'amiral Mouchez, le colonel Perrier, M. Puiseux, interrogés par lui, ont vanté tour à tour les services qu'une telle construction rendrait à l'astronomie, à la météorologie et à la physique. Sans songer un instant à en diminuer la portée, nous croyons qu'il faut chercher l'argument décisif, le seul qui parlera aux capitalistes et les convaincra, dans la nouveauté du projet, l'attrait qu'il exercera sur le public, la curiosité qu'il excitera, tous sentiments faciles à traduire en espèces sonnantes.

On se rappelle le succès du ballon Giffard en 1878 et ses nombreuses ascensions à 20 fr. le billet. La tour de M. Eiffel, si on l'édifie jamais, trouvera sa raison d'être et son succès dans les mêmes faits qui créèrent, il y a quelques années, la mode des panoramas.

Ici ce sera un panoroma vivant, réel, incomparable, facile à contempler, grâce à un système d'ascenseurs qui pourront élever en 15 minutes, au sommet de l'édifice, environ quatre mille personnes dans la journée.

*
* *

Les Américains, réputés gens aussi pratiques qu'audacieux, ne paraissent avoir eu souci ni de l'utilité ni de la beauté lorsqu'ils ont élevé l'inutile et disgracieux obélisque de Washington qui est l'édifice le plus élevé du monde entier.

Ils se sont seulement préoccupés de faire haut. L'obélisque en question a 170 mètres de haut, tandis que la grande pyramide de Chéops n'a que 146 mètres, la flèche de Strasbourg, 142 mètres 50.

Commencé en 1848, le monument comportait une pyramide, un panthéon et une grande colonnade. En 1854, la pyramide, haute de 46 mètres, commença à s'incliner et les travaux furent interrompus. Quand on les reprit en 1877, il ne fut question ni de panthéon ni de péristyle. On se borna à consolider les fondations et, en 1880, on reprit l'élévation de l'obélisque, qui a été inauguré le 21 février dernier.

L'obélisque est en gneiss, recouvert de plaques de

marbre ; le pyramidion qui le termine est muni d'une pointe en aluminium formant paratonnerre et reliée au sol. Un ascenseur qui a servi pour les travaux permet de monter au sommet, mais comme il n'y a ni balcon ni belvédère, l'édifice se prête fort mal aux visites du public et ne conserve que sa valeur commémorative.

Il est colossal, laid et inutile. De plus, il a coûté cher. Avec les travaux complémentaires qu'il nécessite encore, son prix s'élèvera à 7 millions 95,000 francs !

Voilà certainement une grosse somme bien mal dépensée !

*\
* *

Cet exemple prouve, une fois de plus, que l'exécution des conceptions les plus audacieuses n'effraie pas les Américains. C'est de l'autre côté de l'Atlantique qu'on est sûr de les voir naître et grandir.

N'est-ce pas de New-York que nous arrive aujourd'hui ce projet original d'éclairer par l'électricité la route que suivent les steamers entre l'Irlande et Terre-Neuve ?

Les développements de la navigation à vapeur rendent les abordages en mer plus fréquents et plus redoutables. Une Compagnie célèbre, la Compagnie Cunard, jalouse de maintenir sa réputation immaculée de sécurité absolue, n'a pas hésité à augmenter ses parcours et à détourner ses navires de l'étroite route où se croisent tous les paquebots, pour les soustraire aux chances de rencontres. L'éclairage de la route par de puissants phares atténuerait ce danger, toujours imminent. Mais suffirait-il, comme dans le projet publié par les journaux d'Amérique, de dix grands bateaux-phares disposés en ligne droite, à 200 milles de distance les uns des autres? Il serait puéril de le penser. Dix phares à un tel intervalle devraient être singulièrement puissants pour ne pas avoir l'apparence de simples lucioles dans un milieu imprégné de vapeur d'eau et de brouillards.

Tout cela nous paraît bien fantaisiste et tout au plus digne de figurer dans un de ces romans pseudo-scientifiques qui sont si à la mode en ce moment.

Il y a un moyen bien plus pratique et infiniment moins coûteux, pour un navire, d'y voir clair au milieu de l'Océan. C'est celui qui a été adopté, après de sérieuses études, en vue d'éclairer le canal de Suez.

Le bateau éclaire lui-même sa route. Les cuirassés ne font pas autre chose lorsqu'ils ont à se défendre contre les attaques des torpilleurs. Munis de puissants projecteurs disposés autour de leur bordage, ils couvrent leurs abords d'une auréole de lumière que l'ennemi pourrait peut-être franchir à

force de vitesse et d'audace, mais qui rendrait abso-
ment impossible un abordage involontaire.

Ainsi couvert de feux , le navire voit et devient
visible ; il est donc protégé et maître lui-même de
sa propre sécurité.

C'est évidemment plus rationnel, plus sûr et plus
économique que d'immobiliser en plein Océan dix
énormes machines qui devraient prendre leur an-
crage dans des fonds considérables, descendre au-
dessous du niveau des eaux à une profondeur très
grande pour assurer l'élévation du fanal, qui com-
porteraient un matériel mécanique et électrique
d'une puissance qui n'a pas encore été atteinte et
qui, malgré tant de difficultés vaincues et d'argent
dépensé, ne seraient que de mesquines veilleuses
perdues dans l'immensité.

* *
* *

Il est aussi d'autres abordages contre lesquels
l'emploi de feux électriques peut être un puissant
secours. Dans la partie nord de l'océan Atlantique,
les banquises sont nombreuses. Ces immenses rochers de glace descendent au commencement de
l'été, produisant des brouillards épais et ne révélant
leur approche que par un abaissement subit de la
température de l'eau d'alimentation des chaudières.

Le choc d'un de ces « icebergs » peut être fatal à un paquebot.

Le 19 mai dernier, un steamer de la Compagnie Inman, le *City-of-Berlin*, a failli en faire la fâcheuse épreuve. A la pointe du jour, il a heurté une banquise, et le choc a été si violent que 6 mètres de la proue et 9 mètres du pont ont pénétré dans la glace. Par un véritable miracle, le navire n'a pas coulé, mais il a reçu une avalanche de glace qui a causé de sérieuses avaries. A son arrivée à New-York, deux jours après, son bordage était encore rempli de morceaux de glace. Il est probable que l'emploi de projecteurs électriques aurait permis d'éviter ou tout au moins d'atténuer la collision.

C'est ce qui arriva, il y a trois ans, à l'*Arizona* qui se dirigeait à toute vitesse contre une banquise et qui l'aperçut heureusement au moment même où elle allait la heurter, grâce aux appareils électriques dont il était muni.

*
* *

Puisque nous parlons d'éclairage électrique, disons qu'on annonce comme décidé celui du Grand-Opéra (1). Nous voulons espérer que cette nouvelle

_____

(1) Il est un fait accompli, à l'heure actuelle.

est sérieuse. Voilà bientôt dix ans que notre premier théâtre lyrique sert de champ d'expériences aux électriciens de bonne volonté qui acceptent de voir leurs efforts payés par un peu de réclame et très peu d'argent.

L'Exposition d'électricité de 1881 a donné l'occasion de les réunir tous, comme en champ clos, et de faire des expériences comparatives. Le public a applaudi, mais le gaz a continué à cuire les spectateurs dans la salle, à noircir les admirables peintures du foyer, à menacer les personnes de congestion pulmonaire et d'asphyxie, le théâtre d'explosions et d'incendies.

Ce n'est pas faute à M. Garnier d'avoir jeté des cris d'alarme. La lumière électrique a trouvé en lui un avocat convaincu et un protecteur bienveillant. Les maigres subsides qu'il a obtenus du ministère et le concours à peu près gratuit qu'il a rencontré dans les Compagnies d'électricité lui ont permis de faire quelques essais et de se rendre compte des services qu'il était en droit d'attendre. Il a donné ses impressions dans l'ouvrage qu'il a publié sur le nouvel Opéra. Renvoyer nos lecteurs à ce livre, c'est leur rendre un double service; ils y connaîtront de première main l'opinion de M. Garnier sur une foule de sujets intéressants et se donneront le charme d'une lecture attachante comme celle d'un roman.

Les mécomptes financiers que les journaux viennent de révéler dans la gestion nouvelle de l'Opéra réussiront probablement à précipiter la décision définitive, alors que les considérations supérieures de sécurité, d'hygiène et même d'art, n'avaient pas paru déterminantes. C'est tout à l'éloge de l'éclairage par l'électricité d'avoir assez de qualités pour que les unes ou les autres, suivant le cas, l'aident à remporter la victoire.

Dans une lettre récente, M. Garnier, se défendant du reproche qu'on lui a adressé d'avoir construit un Opéra inexploitable, a donné le chiffre de la dépense annuelle d'éclairage : 305,907 francs ! sur un total de 1 million 008,506 francs, c'est-à-dire le tiers des frais imputables à l'édifice lui-même. La somme vaut qu'on y regarde. Un éclairage électrique bien étudié doit permettre de la réduire dans de notables proportions.

Nous saurons probablement bientôt à quoi nous en tenir quant au système et aux dispositions adoptées. Jusqu'à présent, si l'on en croit les on-dit, il s'agirait de 2,000 lampes à incandescence et de quelques grands foyers à l'extérieur.

Les lampes à incandescence ont, comme on le sait, une forme gracieuse, leur éclat et leur facilité de division rappellent sans transition choquante l'éclairage au gaz auquel nos yeux sont habitués. Elles le rappellent malheureusement aussi par la dépense de l'éclairage, qui tend à décroître à chaque nouveau progrès réalisé, mais qui est encore assez élevée.

Les lampes à arc, dont le principe est tout différent, donnent, au contraire, une lumière puissante, blanche; leur mécanisme est un peu plus compliqué, mais le coût de la lumière est très minime.

Parmi celles-ci, tout le monde connaît les bougies Jablochkoff, popularisées par l'éclairage de l'avenue de l'Opéra, du Louvre et du Printemps, et qui restent à nos yeux le type de la lampe électrique simple, élégante, économique.

Elles ont fait leurs preuves depuis de longues années, et nous voudrions les voir entrer pour une large part dans l'éclairage de l'Opéra.

A l'extérieur, de grands régulateurs à puissante intensité envelopperaient l'édifice d'une nappe éclatante de lumière. La place des bougies Jablochkoff est dans le grand escalier, les foyers, les couloirs et la salle. Les lampes à incandescence auraient pour elles le grand lustre, la rampe, la scène et quelques lustres et girandoles mariant en divers points leur lumière chaude et dorée à l'éclat un peu cru des bougies. Avec un éclairage mixte ainsi constitué, l'économie n'est pas douteuse.

*
** *

Ce projet ne présente, au point de vue de l'exécution, aucune espèce d'aléa. Les immenses caves
de l'Opéra contiennent des espaces libres, absolument inoccupés, où, sans aucun danger pour la sécurité de l'édifice, on peut installer une usine électrique capable d'éclairer non seulement tout l'Opéra,
mais, si cela était nécessaire, le quartier compris
entre le faubourg Montmartre, la Madeleine, la Tri-
nité et le Théâtre-Français.

*
* *

L'éclairage des théâtres par l'électricité n'est
d'ailleurs pas chose nouvelle. Tous n'ont pas marché
vers le progrès avec la majestueuse lenteur de
l'Opéra.

Il y a sept ans que le Châtelet possède une installation importante de lumière électrique par bougies
Jablochkoff, dont le fonctionnement ne s'est jamais
démenti.

Le théâtre Bellecour, à Lyon, fut également éclairé
par le même système vers la même époque.

L'Eden-Théâtre est pourvu de régulateurs Siemens
et de lampes Jablochkoff.

L'Opéra a essayé tous les systèmes les uns après
les autres. Mais il fallait l'autorisation ministérielle
pour la solution définitive, et l'on sait que si les mi-
nistères passent vite, ils ne font pas vite Il est heu-

reux qu'il s'en soit enfin trouvé un plus audacieux que les autres.

Dans une lettre qu'il écrivait le 23 mai 1870 au Ministre de l'instruction publique et des beaux-arts, M. Garnier terminait le chapitre de l'éclairage par ces paroles :

« Il y a plus de trois ans que je demande cette » somme de dix-mille francs pour faire les essais » dont je viens de parler. Cette somme m'a été pro- » mise et même proposée à diverses reprises, mais » les ministres se succédaient rapidement, ainsi que » les grands chefs de service, et les bonnes inten- » tions de chacun n'étaient jamais réalisées. Peut- » être, Monsieur le Ministre, est-ce à vous de don- » ner la solution; mais ne tardez pas trop, les baux » de trois, six, neuf, sont maintenant devenus bien » rares dans les fonctions publiques. »

On voit que si le vœu de M. Garnier se réalise cette fois, il se sera justement écoulé neuf années depuis que l'Opéra attend son éclairage électrique.

Tout vient à point à qui sait attendre!

CHAPITRE XI

Encore la question du charbon. — Les houillères de la Chine. — Production de la France en 1882. — Le pétrole. — Gisements américains. — Le pétrole au Caucase. — Sa distillation. — Moyens de transports. — Le pétrole considéré comme combustible. — Statistique des appareils à vapeur en France. — Longueur relative des lignes de chemin de fer. — Le Métropolitain de Paris.

Dans une de nos précédentes chroniques, nous avons traité, à propos du transport de la force par l'électricité et des expériences en préparation entre Creil et Paris, l'intéressant problème de l'épuisement des mines de charbon.

Une communication faite récemment à la Société de géographie nous donne l'occasion de revenir sur cette question.

Tout ce qui touche à la Chine est en ce moment à l'ordre du jour. On peut espérer, s'il ne surgit pas un de ces événements qui défient toute prévision, que cet immense empire sera, avant peu d'années, définitivement ouvert au commerce et à l'industrie européens, et, certainement, parmi les recherches qui seront faites sur ce sol encore inconnu, celle des mines, et surtout des mines de charbon, sera la première. L'existence de mines à Ke-Lung, dans l'île de Formose, n'a-t-elle pas été l'une des raisons qui en ont déterminé l'occupation?

L'Est de l'Asie paraît être assez pauvre en combustibles naturels; si l'on en croit les études faites par un géologue américain, M. Pumpelley, les provinces qui avoisinent le Tonkin, c'est-à-dire le Quang-Tong, le Quang-Si et le Yunnam seraient au contraire extrêmement riches en mines de houille.

Mais c'est surtout en anthracite que le Sud de la Chine paraît doté de gisements considérables. L'une des mines du Quang-Si n'en contiendrait pas moins, d'après l'auteur que nous venons de citer, de 730 milliards de tonnes. Sur le pied d'une consommation de 300 millions de tonnes par an pour toute l'étendue du globe, ce serait un gisement suffisant pour 2,434 années. L'extraction annuelle de la Chine est évaluée à 2 millions 965,000 tonnes par année. C'est à peine le dixième de ce qui a été extrait de notre sol en 1882. La France a produit dans cette année 20 millions 46,796 tonnes de houille et 557,900 tonnes de lignites, qui ont été extraites de 252 mines de houille et de 56 gisements de lignites par un personnel de 108,269 ouvriers mineurs.

Cet écart considérable entre la production de la France et celle de la Chine montre quel vaste champ ce pays devra donner à l'activité industrielle du peuple qui sera assez habile pour profiter de l'occasion.

C'est indubitablement aux sacrifices d'hommes et d'argent faits par notre pays que l'humanité devra la mise au jour de ces richesses incalculables. Puissions-nous ne pas mettre en pratique une fois de plus, à nos dépens, l'éternelle fable de Bertrand et de Raton !

*
* *

Voilà donc encore un argument pour rassurer ceux qui redoutent l'épuisement trop rapide des provisions de charbon que contiennent les entrailles de notre globe.

La statistique de l'extraction du pétrole nous en fournit un nouveau non moins rassurant.

Pour employer une image qui s'offre naturellement à l'esprit, on peut dire que le pétrole est du charbon liquide. Provenant, comme lui, de la décomposition de végétaux, il se prête aux mêmes exigences industrielles, et donne la chaleur et la lumière ; satisfaisant aux mêmes besoins, il concourt

8

donc à ménager la réserve générale et à prolonger l'ère de la houille.

***

L'utilisation du pétrole, aujourd'hui si générale, date de l'époque (1859) où l'on commença à l'extraire du sol de la Pensylvanie à l'aide de la sonde. — On sait avec quelle rapidité la fièvre de l'huile s'empara de l'Amérique, renouvelant les excès qui avaient signalé la fièvre de l'or en Californie plusieurs années auparavant. Déjà en 1873, 4,250 puits laissaient s'écouler environ 16 millions d'hectolitres. En 1884, la production atteignait 352 millions d'hectolitres, extraits pour la majeure partie par la Standard Oil Company, société puissante qui emploie dans ses mines environ cent mille ouvriers!

L'Europe présente également des gisements de pétrole considérables en Gallicie, en Crimée, dans le Hanovre.

Le plus important est celui qui s'étend dans le Caucase, aux environs de la ville de Bakou. Le prolongement des montagnes forme là une sorte de bec qui s'avance dans la Caspienne. C'est la presqu'île d'Apchéron, théâtre d'une agitation souterraine incessante, fréquemment manifestée par des tremblements de terre, des jets de gaz, des éruptions de boue, des sources thermales.

« En certains points, dit E. Reclus, il suffit de
» percer la couche du terrain pour donner passage
» au gaz inflammable ; une simple étincelle allume
» l'incendie, et celui-ci continue jusqu'à ce qu'une
» violente tempête ou une forte pluie vienne l'étein-
» dre. Il arrive parfois que des flammes surgissent
» spontanément : pendant les nuits orageuses, on a
» vu des manteaux de lumière étendre leurs replis
» phosphorescents sur les flancs des collines.

» Au milieu même de la mer sourdent des ruis-
» seaux de naphte bouillonnant sous les flots et ré-
» pandant au loin sur les vagues une mince pellicule
» irisée. Près du cap Chicov, au sud de Bakou, un
» jet de gaz fait tourbillonner l'eau de la mer avec
» tant de violence que les bateaux doivent jeter l'an-
» cre pour ne pas être entraînés. Qu'on jette seule-
» ment sur la source une étoupe enflammée, elle
» s'allume aussitôt et les flots lumineux se propa-
» gent sur la nappe des eaux. En d'autres endroits,
» les forces souterraines ne se bornent pas à lancer
» des gaz et des jets de pétrole et d'asphalte, elles
» soulèvent aussi le fond de la mer, car on a vu
» naguère surgir un îlot dans les environs de Bakou.
» La légende de Prométhée, voleur du feu, a peut-
» être eu quelque rapport dans l'imagination des
» peuples avec les apparitions de flammes sur les
» collines et les eaux de Bakou. »

La péninsule d'Apchéron a été un lieu de pèleri-
nage où les Parsis adoraient le feu et lui avaient
élevé un sanctuaire. Ce culte, relativement récent,
car il date du dix-septième siècle, disparaît et se
modifie devant l'invasion industrielle du territoire
sacré. Le *temple du feu* est aujourd'hui dans les
dépendances d'une usine, et le culte offre un curieux
mélange de toutes les religions du pays associées
à l'adoration du feu.

Un jeune ingénieur, M. M. Lonquety, a récemment
visité ce curieux pays, et il en a rapporté des éléments statistiques intéressants sur l'exploitation des
sources de naphte.

Quelques chiffres permettent de se rendre compte
de son importance et de ses progrès.

En 1832, la production de naphte brut était de
2,460 tomes; dans les six premiers mois de 1884
elle a dépassé 421,000 tonnes, correspondant à
250,000 tonnes de naphte raffiné exporté.

Cette énorme extraction provient de plus de
600 puits, répartis dans toute la région de Bakou et
appartenant à un certain nombre d'exploitants,
parmi lesquels la Société Nobel est de beaucoup la
plus importante.

Le pétrole brut est conduit des puits aux usines
de distillation par un procédé américain qui consiste
à le faire écouler dans des tubes en fer de 0^m20 à

0ᵐ25 de diamètre simplement posés sur le sol. Ces tubes portent en Pensylvanie le nom de *pipe line*; il y en a plus de cent kilomètres dans le territoire pétrolifère du Caucase.

Les produits de la distillation du naphte sont : la *benzine* ou *gazoline*, employée surtout, comme on le sait, au nettoyage des tissus. Ce liquide volatil est celui qui se dégage le premier dans la distillation; puis vient la *kérosine*, ou pétrole du commerce. Enfin, l'*huile solaire*, employée à l'éclairage des villes.

Le résidu, appelé *masoute* ou *astatki*, sert au chauffage des chaudières, des locomotives et des bateaux. On l'utilise en métallurgie; on en tire aussi des huiles légères employées pour l'horlogerie et des huiles lourdes pour le graissage des organes mécaniques.

Ces divers produits ont des densités croissantes du premier au dernier : *benzine*, 0.780; *kérosine*, 0.820; *huile solaire*, 0.866, *masoute*, 0.909.

Le transport des huiles de pétrole est une opération délicate en raison des risques d'incendie que ce combustible porte avec lui. On l'opérait d'abord dans des barils en bois. En Amérique, on le transportait aussi dans de grands bidons. Plus tard, on en est venu aux tonneaux en fer et au transport à l'aide de wagons et bateaux-citernes. La Société

8.

Nobel possède plus de 1,000 wagons-citernes pouvant transporter annuellement 130,000 tonnes de naphte. Sa flotille de bateaux-citernes peut transporter 225,000 tonnes.

En Amérique, on emploie également des fûts en papier. Une société en fabrique 3,000 par jour, peints en bleu et cerclés en fer, au prix de 6 fr. 05 l'un.

Le naphte et ses dérivés sont tous des carbures d'hydrogène, susceptibles de développer une quantité de chaleur supérieure à celle que donnent les autres combustibles, et par conséquent capables de se substituer à eux avec économie.

Cette substitution a pris une grande extension, surtout depuis qu'on a perfectionné la distillation du naphte brut et qu'on a trouvé le moyen d'utiliser ses résidus. Aux débuts, ces résidus étaient jetés. Après 1874, leur prix s'est élevé sensiblement, et en 1879 il était déjà de 2 fr. les 100 kilos, alors que le naphte ne vaut que 30 centimes.

On s'est alors efforcé de trouver une utilisation nouvelle à ce dernier produit et à l'employer comme combustible. Sa supériorité sur la houille est qu'il ne contient pas de produits étrangers qui abaissent son rendement calorifique, et que, d'ailleurs, sa combustion dégage un plus grand nombre de calories. 1 kilogramme de pétrole remplace 2 kilogrammes 1/2 de houille et 8 kilogrammes 1/2 de

bois. Il suffit donc d'approprier les foyers pour
bénéficier de cette économie considérable. C'est ce
qu'a fait un ingénieur des chemins de fer du Sud-Est
russe, M. Urquhardt, qui a modifié le foyer de ses
locomotives pour leur chauffage au pétrole.

Le liquide, renfermé dans le tender et préalablement échauffé à l'aide de serpentins traversés par
la vapeur, arrive dans un injecteur qui le lance dans
le foyer, où il brûle au contact d'une nappe d'air
chaud aspiré du cendrier.

Il y a donc là un procédé de chauffage industriel
de grand avenir, disposant d'un produit abondant,
peu coûteux et rendant la presque totalité de ses
calories.

*
* *

Ce procédé trouverait en France un champ pro-
pice pour se développer. Si nous examinons la statistique des appareils à vapeur pour 1881, la dernière qui soit à notre disposition, nous y voyons
que notre pays possédait à cette époque 44,010 machines à vapeur pouvant développer 576,424 chevaux, 49,444 chaudières motrices, 5,233 chaudières
calorifères et 20,107 récipients de vapeur.

Cette puissance motrice se répartit comme il suit
entre les diverses industries : 38 0/0 pour les industries minérales et métallurgiques, 18.8 0/0 pour les

industries alimentaires, 10.8 0/0 pour des industries diverses, 9.9 0/0 pour les industries chimiques, 7.5 0/0 pour l'agriculture.

Cette intéressante statistique est représentée d'une façon claire dans une carte de France divisée en départements. Au centre de chacun d'eux est tracé un petit demi-cercle dont la surface est proportionnelle au nombre d'appareils à vapeur. La division, suivant les diverses industries, est faite par des secteurs de diverses couleurs. Au-dessous, un second demi-cercle indique la statistique des chaudières.

On embrasse ainsi d'un seul coup d'œil toute la France, et cet examen révèle la supériorité industrielle de la partie et du pays. Les machines des chemins de fer et des bateaux ne figurent naturellement pas dans ce tableau.

*
* *

Puisque nous parlons de statistique, en voici une autre d'un certain intérêt. C'est l'*Economiste français* qui nous la fournit dans une série de tableaux qu'il vient de publier. Elle est relative à la longueur des lignes de chemins de fer du monde entier.

Nous n'en retiendrons que les résultats généraux, sans nous égarer dans de trop nombreux calculs. D'autant plus que les éléments de la statistique publiée par le journal de M. Leroy-Beaulieu sont empruntés à un travail allemand. Et Dieu sait si, en pareille matière, nos voisins sont gens à nous mener loin!

C'est ainsi qu'après avoir indiqué qu'à la fin de 1883 le réseau des voies ferrées de toute la terre atteignait une longueur de 442,199 kilomètres, le rédacteur de l'*Archiv für Eisenbahnen* en conclut que ces voies mises bout à bout feraient *onze* fois le tour de la terre, et que, jetées comme un pont entre la terre et la lune, elles dépasseraient notre satellite de 53,000 kilomètres.

Ce n'est pas tout. Le capital de premier établissement de ce réseau étant évalué à 118 milliards de francs, cette somme, en doubles couronnes allemandes, formerait une colonne de 7,200 kilomètres de haut.

Nous devons savoir gré à notre auteur de ne pas avoir poussé plus loin ses comparaisons. Lancé dans cette voie, il lui eût été facile de continuer indéfiniment!

Sur ces 442,199 kilomètres de chemins de fer, les Etats-Unis en représentent près de la moitié. L'Allemagne suit avec 35,000 kilomètres. L'Angleterre, la France, la Russie et l'Autriche viennent ensuite, dans cet ordre, avec 30,000 jusqu'à 20,000 kilomètres.

L'Inde, le Canada et l'Australie descendent de
47,000 à 10,000.

Il est clair que ces évaluations totales n'ont qu'une
valeur relative. Ce qui établit la richesse d'un pays
en voies ferrées, c'est leur longueur par rapport à
l'étendue de son territoire.

La Belgique, par exemple, qui est la quinzième
quant à l'étendue du réseau, est la première quant
à leur longueur relative. On s'en rend compte en
regardant sur une carte d'Europe les mailles ser-
rées de ses chemins de fer. L'Angleterre vient ensuite, puis la Hollande, la Suisse, l'Allemagne et la
France. L'ordre est à peu près inverse si on rap-
porte la longueur du réseau au nombre de ses habitants. Le résultat était à prévoir.

*
* *

Le chemin de fer métropolitain de Paris, qui,
pour une longueur totale de 40 kilomètres, desservira une population de plus de 2 millions d'habitants, serait placé à l'extrémité de la liste. La
construction, attendue avec impatience, est certainement, parmi les grands projets de travaux qui
préoccupent le plus les ingénieurs et le public tout
entier, avec l'Exposition de 1889, dont il est le com-
plément indispensable, celui qui présente l'intérêt
le plus grand et l'utilité la plus évidente.

Après de nombreuses études, dont les premières remontent à l'année qui suivit la guerre, la question a été discutée à fond devant le Conseil municipal de Paris, jusqu'au moment où le chemin de fer Métropolitain a été classé dans les lignes d'intérêt général pour être exécuté sous la direction et le contrôle de l'Etat.

Il est maintenant urgent que la concession soit donnée si l'on veut que cette grande œuvre d'utilité publique soit terminée dans ses parties principales au moment où l'Exposition apportera subitement un excédent extraordinaire de population dans cette grande cité parisienne où la circulation devient tous les jours plus difficile.

Le réseau des voies ferrées de Paris et de sa banlieue se compose, on le sait, d'une ligne dite de ceinture, qui longe intérieurement l'enceinte des fortifications, et d'une seconde ligne d'intérêt stratégique dite de grande ceinture.

Plusieurs autres lignes traversent perpendiculairement ce double anneau. Ce sont celles de Lyon, d'Orléans, de Sceaux, de l'Ouest-Montparnasse, de Grenelle, de l'Ouest-Saint-Lazare, du Nord, de l'Est et de Vincennes, dont les gares *terminus* sont à des distances variables, mais toujours assez grandes du centre de Paris.

En outre, les communications intérieures de la

capitale sont assurées par un réseau de nombreuses
lignes d'omnibus et de tramways.

La ligne de ceinture n'est, au point de vue du service des voyageurs, que d'une utilité médiocre pour
relier entre elles les grandes gares que nous venons
de citer; elle comporte un grand nombre de stations
et n'a pas de trains express. Le service de gare à
gare et le passage des voyageurs en transit doit
donc s'effectuer par les moyens ordinaires de locomotion avec les lenteurs et les embarras qu'ils comportent.

Pour les Parisiens eux-mêmes, c'est un grand
ennui d'être obligés de faire une demi-heure ou une
heure d'omnibus en plein Paris, pour se rendre aux
gares les plus lointaines d'où l'on peut, en quelques
minutes, se rendre dans les maisons de campagne
de la banlieue. Cela explique pourquoi les villégiatures préférées sont celles que dessert la gare Saint-Lazare, la plus centrale des gares parisiennes.

Enfin, la circulation intérieure de Paris devient
de jour en jour plus pénible. Des encombrements
continuels se produisent sur les voies de grande circulation. Les omnibus et les tramways regorgent
de voyageurs dans la semaine et en refusent le dimanche. Les difficultés de transport se présentent actuellement avec le caractère d'une crise aiguë.

La dernière statistique que nous ayons à notre

disposition révèle que la circulation intérieure a
atteint en 1881 environ 350 millions de voyageurs;
dont 10 millions pour les bateaux-mouches, 240
pour les omnibus et tramways et 100 pour les voitures. Elle est certainement supérieure aujourd'hui à
1 million de voyageurs par jour en moyenne, sans
satisfaire pleinement aux besoins de la population. Ce fait est démontré d'une façon évidente par
l'examen du trafic passé et actuel d'un certain nombre
de lignes d'omnibus qui ont été remplacées par des
lignes de tramways de même itinéraire donnant, à
prix égal, un nombre de places et une vitesse supérieurs.

C'est ainsi que la ligne de la *place des Victoires*
à *Vincennes*, produisant 84 fr. 50 par voiture et
par jour, est desservie actuellement par des voitures
de tramways en nombre plus considérable dont le
rendement est d'environ 160 fr. Même résultat pour
la ligne *Montrouge — Chemin de fer de l'Est*,
dont le produit a passé de 95 fr. à 188 fr., et pour
un grand nombre d'autres.

La transformation des lignes d'omnibus en lignes
de tramways était donc tout indiquée, et on est conduit à la considérer comme avantageuse, dès que
son trafic annuel dépasse 120,000 fr.

Mais cela n'est pas toujours facile ni même possible; il faut que la largeur et la déclivité des voies

le permette, et la grande circulation qu'il s'agit de
faciliter est le plus grand obstacle à cette transformation.

A Paris, pour permettre l'arrêt des voitures et
leur stationnement le long des trottoirs, les règle-
ments exigent une largeur minima du bord du trottoir au rail, ce qui donne 7^{m}50 pour la largeur
minima d'une rue ayant une seule voie de tramway.
Pour une double voie, il faut au moins 10 mètres.

Ces largeurs, purement théoriques, deviennent
tout à fait insuffisantes lorsque la circulation est
très active, ce qui est le cas. Lorsque le tramway
réalise 150,000 fr. par kilomètre, 15 mètres au
minimum deviennent alors nécessaires. Enfin, lorsque la circulation des voitures atteint une intensité
exceptionnelle, l'établissement d'une ligne de tramways devient absolument impossible.

Voici à cet égard quelques exemples intéressants :

Une ligne de tramways très fréquentée existe
depuis assez longtemps entre la Villette et la Barrière
de l'Étoile. En 1881, son trafic était de 269,000 fr.
par kilomètre, et ce résultat a été atteint sans
embarras, grâce à la très grande largeur du boulevard extérieur et à sa séparation en deux voies distinctes par un large trottoir central.

Sur les boulevards de Strasbourg, de Sébastopol
et de Saint-Michel, circulent les tramways de Mont-

rouge à la gare de l'Est, et de la Chapelle au square Monge, qui remplacent deux anciennes lignes d'omnibus, dont les trafics totaux avaient été en 1877 de 287,000 fr. par kilomètre. Celui des deux lignes de tramways atteint aujourd'hui 400,000 fr.; mais l'encombrement commence à se produire et les places à faire défaut.

Sur les grands boulevards, de la Madeleine à la Bastille, circulent de grands omnibus à trois chevaux qui ont produit en 1881 587,000 fr. par kilomètre, pour une longueur de 4 kil. 588, à raison d'une moyenne de 161 fr. 46 c. par voiture et par jour.

Là, la circulation atteint son maximum. L'encombrement est continuel et les places manquent toujours, bien que les voitures se succèdent à deux minutes d'intervalle.

L'établissement d'une ligne de tramways a été jugé impossible et c'est surtout sur ce trajet qu'une voie ferrée à grand débit serait si indispensable.

Cette ligne et la ligne à peu près perpendiculaire de la gare de Strasbourg et du boulevard Saint-Michel sont donc celles dont la nécessité s'impose tout d'abord et dès à présent.

Il faut considérer en outre que la vie extérieure est très intense à Paris le dimanche. Toute la population laborieuse, renfermée pendant la semaine dans les ateliers ou les bureaux, se porte en masse vers les environs; tous les moyens de transport, chemins de fer, tramways, omnibus, voitures, bateaux sont littéralement pris d'assaut et ne suffisent plus, malgré de nombreux départs supplémentaires. Il y a donc là un besoin de premier ordre à satisfaire, par des voies ferrées desservant le bois de Boulogne, tandis que la grande ligne des boulevards desservira la gare du chemin de fer de Vincennes.

On s'est également préoccupé d'une ligne passant par les Halles centrales et facilitant l'approvisionnement de Paris. Enfin le raccordement des grandes gares entre elles s'impose tout naturellement.

De ces considérations générales est sorti le projet de tracé adopté par le Conseil général des ponts et chaussées. Il comporte :

1o Une ligne allant de Puteaux à la gare de Vincennes par l'Etoile et les boulevards ;

2o Une ligne perpendiculaire passant par les Halles ;

3o Une ligne circulaire sur la rive. gauche.

C'est là un premier réseau qui serait exécuté d'abord. Une série de dix lignes le compléterait ensuite.

*
* *

On comprend que les projets n'aient pas manqué. Leurs auteurs se divisent en deux camps distincts : les partisans de la voie souterraine et les partisans de la voie aérienne.

Puisqu'il s'agit de dégager le sol de nos rues, disent les premiers, la circulation souterraine est seule logique. Ce serait aller à l'encontre de l'esprit qui doit présider à la création du Métropolitain que de l'établir sur la voie publique ou au-dessus.

La disposition en viaduc aurait l'inconvénient d'encombrer et d'obscurcir les rues par la présence d'ouvrages permanents, et, au point de vue financier, d'exiger des expropriations qui seraient onéreuses à Paris plus que partout ailleurs.

Au point de vue de l'exécution, la solution en souterrain ne présente aucune difficulté. Le sous-sol parisien est parfaitement connu. La percée des grands égouts a donné, sans mécomptes, l'expérience de travaux qui en différeront peu. L'exécution de la voie en sous-sol sera facile et économique.

Les partisans de la voie aérienne répondent que le chemin de fer souterrain ne donnera pas satisfaction à la population parisienne qui aime le grand air et le soleil, et qui sera enfumée ; que la présence d'un viaduc sur nos grandes artères ne nuira en rien à l'esthétique ; que si les expropriations sont coûteuses, elles auront leur contre-partie, dans des locations de boutiques au-dessous du viaduc ; que l'exécution en souterrain présente de grands aléas causes des nappes d'eau qui circulent dans le sous-sol parisien, des crues de la Seine ; que les trépida-tions du sol causées par le passage des trains peut ébranler les maisons.

Les premiers citent l'exemple de Londres ; — les seconds, ceux de Berlin et de New-York.

Nous n'avons pas à prendre parti dans cette con-troverse que le conseil général des ponts à tranchée en adoptant la circulation en tunnel au centre de Paris. Nous allons seulement, avant de poursuivre, analyser succinctement les principaux projets de voies aériennes, qui intéressent surtout par les mo-difications qu'elles apporteront à la physionomie de Paris.

L'un de ces projets, dû à M. Haag, ingénieur en chef des ponts et chaussées, prend son modèle dans le Métropolitain de Berlin. Il comporte un travail d'édilité considérable, car il est basé sur l'expro-priation d'une bande de terrain formant une rue de 40 mètres de large environ sur le milieu de laquelle serait élevé un large viaduc à quatre voies formant à sa partie inférieure, boutiques, logements d'ou-vriers, etc., et qu'on bordera de maisons nouvelles. M. Haag trouve dans la location de ces maisons èt des locaux du viaduc la compensation des dépenses d'expropriation. Un second, également très intéressant, dû à M. Garnier, suppose l'installation sur les voies existantes d'un viaduc à deux étages superposés, dont chacun recevrait les trains allant dans le même sens. Les extrémités seraient raccordées par des courbes hélicoïdales, de faibles pentes qui permettraient aux trains de passer d'une voie sur l'autre.

Le projet de M. Chrétien, conçu spécialement au point de vue de l'application de l'électricité comme mode de traction, est aussi étudié en vue de l'installation d'une double voie portée sur colonnes.

Une autre combinaison, plus originale que pratique, consisterait à faire une sorte de navire aérien, contenant son système de propulsion, et qui s'avancerait en glissant sur une série de colonnes assez rapprochées.

∴

Quel que soit le système adopté, un des points importants est le mode de traction. Les promoteurs des projets en sous-sol surtout ont à se défendre contre une objection grave tirée de l'emploi de la locomotion à vapeur.

Car, si la fumée est désagréable lorsqu'on est en plein air, *à fortiori* le sera-t-elle dans ce long tunnel où le voyageur sera obligé de rester enfermé dans sa voiture au milieu d'une atmosphère chaude et puante.

Le mal est indiqué; les remèdes ne manqueront pas ; nous avons :

1° Les locomotives à vapeur comprimée , sans foyer. Elles fonctionnent à Marly sur un petit tramway de banlieue et donnent d'excellents résultats.

2° Les locomotives à air comprimé, appliquées aux tramways de la ville de Nantes.

Mais ces deux systèmes limitent les parcours, puisque les réservoirs de vapeur ou d'air doivent être rechargés à chaque voyage après épuisement.

3° Le système de traction par câble, tel qu'il est pratiqué à San-Francisco et à Chicago, présente les mêmes inconvénients que les précédents lorsque la distance est assez grande. En outre, l'effort de traction est limité, ce qui gène le service, dont les besoins sont essentiellement intermittents.

4° L'emploi de l'électricité donnera probablement des avantages. Il a fait l'objet d'une étude complète de MM. Marcel Deprez et Leblanc, qui ont établi les conditions de la traction électrique.

5° Enfin, il faut citer la nouvelle locomotive, dite locomotive à soude, que signale M. Garnier comme pouvant rendre des services. Elle fonctionne depuis peu sur le chemin de fer d'Aix-la-Chapelle à Jülich, où, dit-il, elle a donné pleine satisfaction en opérant la traction sans fumée, échappement de vapeur ni bruit.

Elle est basée sur la propriété que présente une solution concentrée de soude caustique, dont la température d'ébullition est élevée, d'absorber la vapeur d'eau, tout en dégageant une grande quantité de chaleur.

La chaudière est enveloppée d'un récipient qui contient cette solution, dans laquelle on envoie la vapeur qui sort des cylindres. Son absorption détermine une production de chaleur qui échauffe l'eau de la chaudière. Quand la solution devient trop étendue, on la ramène, par l'évaporation, au degré convenable.

Dans le projet de loi que le Ministre des travaux publics vient de déposer au sujet du Métropolitain, la dépense est évaluée à 210 millions, soit environ 5 millions par kilomètres pour 40 kilomètres. Les transports seraient tarifés kilométriquement, suivant trois classes, 0 fr. 10, 0 fr. 07 et 0 fr. 5 c. par kilomètre. Des billets d'aller et retour avec 25 0|0 de rabais seraient distribués aux heures où travaillent les ouvriers (1).

---

(1) Depuis que ces lignes ont été écrites, un nouveau projet comportant un ensemble de voies établies en tunnel, en tranchée et en viaduc, a été présenté aux Chambres par le Ministre des travaux publics. Il comporte une ligne circulaire reliant les gares, une ligne centrale allant de la gare St-Lazare à la gare de Vincennes, et une ligne perpendiculaire à celle-ci passant sous les boulevards de Strasbourg, de Sébastopol et St-Michel.

CHAPITRE XII

Le pavage des rues. — Philippe-Auguste et le premier pavage de Paris. — Le macadam et le pavé en pierre contre l'asphalte et le pavé en bois ; avantages et inconvénients. — Accidents de chevaux. — Le pavage en bois et l'hygiène publique. — Prix de revient. — Progrès de l'éclairage au magnésium. — Une grande invention en perspective.

Les journaux quotidiens se font journellement l'écho de réclamations relatives aux odeurs de Paris, au mauvais entretien des voies publiques, à l'arrêt subit des eaux dans les maisons, etc. En lisant ces plaintes sans cesse répétées, les Parisiens pourraient se croire dans la ville la plus malpropre et la moins bien entretenue du vieux et du nouveau continent. Le moindre voyage de vacances au-delà de nos frontières les rend bien vite à une appréciation plus équitable des choses.

Tout en reconnaissant qu'il reste beaucoup à faire, on peut affirmer que Paris est la cité dont la toilette est la plus soigneusement faite. Le pavage en bois, aujourd'hui sorti des tâtonnements et définitivement adopté, contribue surtout à donner aux voies qui en sont garnies une apparence de propreté tout à fait réjouissante à l'œil.

Que dirait un bourgeois de notre Paris actuel, s'il était transporté à sept cents ans en arrière dans le vieux Paris, sale, mal pavé, sans éclairage et sans sécurité pendant la nuit?

« En cette année 1185, dit un vieux chroniqueur,
» le roi Philippe-Auguste, occupé de grandes affai-
» res, se promenant dans son palais royal, s'appro-
» cha des fenêtres, où il se plaçait quelquefois pour
» se distraire par la vue du cours de la Seine. Des
» voitures, traînées par des chevaux, traversaient
» alors la Cité, et, remuant la boue, faisaient exha-
» ler une odeur insupportable. Le roi ne put y tenir,
» et même la puanteur le poursuivit jusque dans
» l'intérieur de son palais. Dès lors, il conçut un
» projet très difficile, mais très nécessaire, projet
» qu'aucun de ses prédécesseurs, à cause de la
» grande dépense et des graves obstacles que pré-
» sentait son exécution, n'avait osé entreprendre. Il
» convoqua les bourgeois et le prévôt de la ville, et
» leur ordonna de paver avec de fortes et dures
» pierres toutes les rues et voies de la Cité. »

C'est de cette époque que date la première tenta-tive de pavage à Paris. L'historien Dulaure, dont le tableau de Paris renferme des détails si curieux, raconte qu'un gentilhomme, attaché aux finances du roi, Gérard de Poissy, contribua aux frais de ce travail pour onze mille marcs d'argent. L'exécution de ce pavage ne comprit tout d'abord que les deux rues dites la *Croisée de Paris* qui se croisaient perpendiculairement l'une à l'autre au milieu de la ville. Il fut fait avec de grandes dalles carrées de 15 à 20 centimètres d'épaisseur et d'un mètre environ de côté. On a retrouvé plus tard des vestiges de ce pavé dans des fouilles faites rue Saint-Jacques. Le nom de rue des Petits-Carreaux dérive probablement de la dimension moins considérable de ses anciens pavés.

Le développement du pavage des rues s'accomplit avec une grande lenteur; sous Louis XIII, plus de la moitié des rues de Paris étaient encore à paver et, en 1825, époque à laquelle les travaux d'édilité avaient pourtant fait certains progrès, sur environ 700 hectares de voies publiques, 270 seulement étaient pavées et 90 garnies d'un cailloutis.

Quant aux trottoirs, il n'en existait pas avant cette époque, relativement rapprochée de nous; les rues, au lieu d'être bombées comme elles le sont aujourd'hui, de manière à faciliter l'écoulement des eaux vers des égouts placés sous les trottoirs, formaient un ruisseau en leur milieu.

Actuellement les voies des villes sont garnies soit de pavés, soit d'un empierrement appelé macadam,

du nom de son inventeur, soit de bitume et d'asphalte, soit enfin de pavés en bois.

Le macadam est, parmi ces divers systèmes de
protection des chaussées, celui qui aura certainement
disparu le plus rapidement; il n'existe déjà pour
ainsi dire plus dans le cœur de Paris, où il a fait
place au pavage en bois. On doit supposer que les
jours au pavage en pierre sont également comptés.
Lorsque le pavé de granit ou de grès est simplement posé sur une couche de sable, il se produit
rapidement des dénivellations du sol plus ou moins
profondes; lorsqu'il est posé sur une forme résis-
tante, il s'use avec plus de rapidité; en outre, il devient sonore et retentissant sous le pas des chevaux
et les roues des voitures, ce qui n'est pas indiffé-
rent pour la tranquillité et le repos des riverains.

Tous les Parisiens qui habitent dans les rues fré-
quentées et pavées peuvent se demander, comme
autrefois Boileau:

Est-ce donc pour veiller qu'on se couche à Paris?

lorsque le bruit des véhicules vient troubler leur
sommeil.

A ces inconvénients de pavés en pierre vient s'en
joindre un d'un ordre tout à fait différent. L'usure
de ces pavés produit une quantité considérable de
sable, de gravier que les pluies ou l'arrosage public

entraînent dans les égouts. Il faut enlever ce sable
et le transporter au bord de la Seine, opération qui
revient à plus de 20 francs par mètre cube.

Enfin, l'étude des accidents de chevaux et de voitures produits sur les voies publiques vient encore
condamner le pavage en pierre.

M. le colonel Haywood, qui est l'ingénieur en
chef de la voirie de Londres, a publié une statistique de laquelle il résulte que la sécurité, au point
de vue des accidents de chevaux, est environ trois
fois plus grande avec le pavage en bois qu'avec le
pavage en granit, et qu'elle augmente du tiers lorsqu'on substitue à ce dernier le revêtement en asphalte.

Aussi peut-on affirmer que dans un temps plus ou
moins prochain l'asphalte et le pavage en bois, qui
ont chacun leurs défenseurs convaincus, se partageront exclusivement le sol de nos voies publiques.

*
* *

Ces deux modes de pavage présentent des avantages communs quant à la facilité qu'ils donnent à
la circulation, à leur douceur et à leur défaut de
sonorité ; ils se prêtent à un nettoyage complet ; par
contre, ils exigent une installation très soignée et
très minutieuse. L'insuccès des essais de pavage en

bois qui avaient été faits à Paris, place Saint-Michel,
en 1871, du Château-d'Eau, en 1872, rue Saint-Geor-
ges, en 1876, et sur d'autres points, ne tenait vrai-
semblablement qu'à un manque de soin dans la
pose.

Pour le moment, c'est le pavage en bois qui paraît être préféré. La ville de Paris a repris ses essais en 1882, sur une voie très fréquentée: le boulevard Poissonnière. Elle les a continués depuis, à
titre définitif, sur une étendue de près de 150 mille
mètres carrés. Les travaux auxquels se sont livrées
les diverses Compagnies qui ont traité avec la ville
ont fait pendant longtemps la joie des flaneurs et
des désœuvrés. Ils ont pu assister successivement à
la préparation très soignée d'une surface bombée de
béton sur laquelle on place des pavés en sapin rouge
du Nord dont les rangées sont écartées de quelques
millimètres les unes des autres. Dans ces rigoles trans-
versales on introduit de l'asphalte fondue qui em-
prisonne les blocs jusqu'au quart environ de leur
hauteur, puis 'un coulis de mortier mélangé de ci-
ment de Portland qu'on étend ensuite à la surface
avec un balai, et qui solidarise absolument tous les
pavés.

Ceux-ci ont été préalablement imprégnés d'huiles
lourdes de houille, de façon à éviter la décomposition
organique des fibres du bois.

Enfin on répand à la surface du sol une certaine quantité de gravier assez fin, d'abord fort désagréable pour les pieds des promeneurs, mais qui finit par s'incruster dans la partie supérieure du pavé en formant une croûte d'une certaine solidité. Cette dernière opération a été imaginée pour répondre à une objection assez sérieuse. L'imprégnation du pavé n'est jamais bien profonde. Elle ne dépasse guère 1 centimètre. Or, sous l'influence de l'usure, le bois se déchire, et sa surface se transforme en une sorte de brosse dans laquelle les liquides du sol s'arrêtent en pénétrant petit à petit jusqu'au cœur du bois, dont ils ne tarderaient pas à amener la pourriture, avec son contingent de mauvaises odeurs et, la chose a été soutenue, avec la menace d'épidémies.

Il paraît également qu'à New-York, où le pavage en bois est très répandu, les fibres superficielles, détachées par le choc des chevaux et des voitures, et altérées par la décomposition, forment une poussière qui détermine de fréquentes ophthalmies. La couche superficielle produite par le gravier écrasé et logé entre les fibres du bois est destinée à prévenir de pareils inconvénients.

Le rôle du pavage en bois dans l'hygiène publique est le principal argument que les partisans de l'asphalte invoquent contre la généralisation de son emploi. Selon ces derniers, le pavé de bois doit être absolument proscrit des rues étroites, mal aérées, où le soleil pénètre difficilement, et dans lesquelles l'humidité accomplit son œuvre redoutable d'auxiliaire des maladies épidémiques.

Un autre argument, qui a aussi sa valeur, est le manque de sonorité du bois. Le pavé de granit est trop bruyant, le pavé de bois pas assez. Cet excès de qualité devient un défaut.

Un journal disait spirituellement qu'il n'y aurait bientôt plus de sourds à Paris, parce qu'ils auraient été tous écrasés sur les pavés de bois. Il est certain que le nouveau mode de pavage exige plus de prudence et d'attention, et que le développement sans cesse croissant de la circulation doit entraîner nécessairement plus d'accidents lorsque le sol est presque aussi peu bruyant que s'il était recouvert d'un tapis. Avec des brouillards intenses, comme il s'en produit généralement à Londres et quelquefois à Paris, la traversée des chaussées de bois peut présenter quelque danger.

Enfin l'uniformité du sol et l'égalité de sa surface, caractère commun à l'asphalte, au pavage en bois et au macadam, constituent, disent certains cochers, une infériorité par rapport au pavage en pierre, dans les interstices duquel le fer du cheval trouve un point d'appui qui lui fait défaut ailleurs.

Quant au prix de revient de ces différents systèmes de pavages, nous ne l'indiquerons que par des chiffres moyens. Il n'est pas sensiblement différent pour le pavage en bois et l'asphaltage, qui coûtent environ 23 francs par mètre carré. Le prix d'entretien annuel, stipulé dans les contrats de la ville de Paris, est de 2 fr. par mètre carré pour l'asphalte ; il varie de 2 fr. 60 à 2 fr. 95 pour le pavage en bois, suivant le classement des rues. Le pavage en pavés de pierre est d'un prix initial inférieur, mais le prix de son entretien rétablit l'avantage de ses concurrents.

Tandis qu'à Berlin l'asphalte jouit de la préférence, à Paris les pavés en bois ont réussi à la supplanter. Voilà bientôt trois ans et demi que les premiers ont été posés et, jusqu'à présent, il ne paraît pas que les espérances des ingénieurs de la ville aient été déçues. Quant au public parisien, qui ne peut entrer qu'inconsciemment dans les questions de prix, et ne juge pour ainsi dire qu'en amateur, il paraît généralement très satisfait de ce nouveau progrès apporté à la bonne tenue de la ville.

*
* *

Nos lecteurs se rappellent peut-être que, précédemment, nous avons fait entrevoir comme pouvant se produire dans un avenir prochain l'avènement de la lumière au magnésium rendue pratique et économique. Plus vite encore que nous ne l'espérions, l'événement semble donner raison à nos prévisions. Un industriel allemand est parvenu à produire le magnésium à bas prix (1) par l'emploi de l'électricité, et, naturellement, son premier objectif a été son emploi pour la production de la lumière. La difficulté, une fois le magnésium produit en baguettes, est de construire une lampe qui reçoive cette mèche d'un nouveau genre, l'élève au fur et à mesure de sa combustion, de manière à maintenir le point lumineux à une hauteur constante, et élimine d'une façon quelconque les poussières blanches de magnésie. Quant au premier *desideratum*, la solution ne sera sans doute pas difficile à trouver. Il en sera différemment du dernier.

Quoi qu'il en soit, l'inventeur vient de mettre au concours la fabrication de sa lampe, avec promesse d'un prix de 500 marcks et d'un prix de 200 marcks pour les deux meilleurs types présentés. Voilà une question que nous suivrons avec le plus grand inté-

_____

(1) La Société Française, qui est concessionnaire de ce procédé, vend aujourd'hui, de 65 à 80 fr. le kilo, le magnésium qui valait récemment de 450 à 550 fr. le kilo. (*Voir* page 69.)

rêt, car sa solution sera un progrès industriel considérable.

*
* *

Une idée qui serait non seulement un progrès, mais une véritable révolution, nous arrive de l'Amérique, source ordinaire des inventions originales et audacieuses. Il ne s'agit de rien moins que de transformer intégralement les procédés d'imprimerie et de supprimer absolument l'emploi des presses. C'est un constructeur de tels appareils qui en est l'auteur, On sait avec quelle rapidité, avec quelle instantanéité, dirai-je, on est parvenu à obtenir des clichés photographiques. Cette instantanéité est telle qu'on arrive à fixer à un moment donné la position d'un cheval au galop, d'un oiseau qui vole, d'une machine e1 mouvement en 1/500 de seconde.

Il suffirait donc d'avoir un négatif de l'impression à reproduire, de l'éclairer par un jet puissant de lumière électrique, et de présenter devant lui avec une rapidité qui pourrait aller à 1/00^m de seconde des feuilles d'un papier photographique suffisamment sensible. Toute la question serait d'avoir un mécanisme approprié (ce qui ne serait pas difficile), et un papier photographique économique, ce qui ne s'obtiendrait probablement pas immédiatement.

Nous ne resterons sans doute pas bien longtemps

sans apprendre que cette curieuse étude a fait quelques progrès. Malgré son étrangeté, elle est plus sérieuse qu'on ne serait tenté de le croire. Toutefois, elle ne nous paraît pas assez mûre en ce moment pour que les constructeurs de presses à imprimer en conçoivent de l'inquiétude. — M. Marinoni peut dormir tranquille. L'adage célèbre : « *Natura non facit saltus* » est vrai pour l'industrie. Les inventions ne se produisent jamais tout à coup, et le progrès peut presque toujours se produire sans laisser des ruines derrière lui.

CHAPITRE XIII

Le bateau sous-marin de M. Nordenfeldt. — Une révolution en perspective dans la tactique navale. — Nouvelles expériences aérostatiques de MM. Renard et Krebs. — Un ballon-joujou. — Concurrence nouvelle au canal de Panama. — Le chemin de fer interocéanique porte-navires de M. Eads.

La presse a rendu compte, il y a quelques semaines, des expériences qui ont eu lieu en Danemarck, à Landskrona, sur un nouveau système de bateau sous-marin, inventé par M. Nordenfeldt, qui reproduit en petit et avec moins de confortable le *Nautilus* que M. Jules Verne a décrit dans son fantastique récit intitulé : *Vingt mille lieues sous les mers.*

Bien que le succès n'ait pas été complet, il y a là une tentative intéressante qui sera suivie de plusieurs autres et qui, certainement, après des tâtonnements plus ou moins longs, finira par être couronnée de succès.

Le bateau de M. Nordenfeldt est un énorme cigare

d'acier, de vingt mètres environ de longueur, dont l'organe propulseur est une machine à vapeur alimentée par une chaudière dans laquelle la vapeur est emmagasinée d'avance. C'est le système qui·a été appliqué par M. Franck au tramway de Marly-Rueil et aux tramways de Nantes. De cette façon, plus de foyer, de fumée à expulser à l'extérieur, ce qui est la première condition pour un bateau qui doit être immergé. Le mouvement produit par le moteur est transmis à deux hélices placées sous le bateau. Ces hélices ont pour fonction de le faire descendre au-dessous du niveau de l'eau et de l'y maintenir malgré la poussée qui tend à le faire remonter à la surface. Un gouvernail d'un système particulier maintient l'horizontalité du bateau pendant qu'il est sous l'eau. Cette partie du mécanisme a convenablement fonctionné, mais il ne faudrait pas croire que le navire ait pénétré à de grandes profondeurs. Il n'est pas descendu au-dessous d'un mètre cinquante.

Le système propulseur est formé d'une hélice et d'un gouvernail. A la surface, la vitesse est de 8 nœuds; sous l'eau, elle devait être de 3 nœuds; mais en réalité, dans l'expérience qui a été faite, elle a été beaucoup plus faible, 3/10e de nœud environ, ce qui revient à dire que le bateau est resté à peu près immobile. On attribue cet échec à une cause toute particulière. Le mécanicien du bateau aurait été victime d'un accident au moment même de l'expérience, et l'ouvrier, moins expérimenté, qui le remplaça au pied levé, aurait été incapable de remplir son office.

L'équipage se compose de trois hommes qui peuvent respirer et rester sans inconvénient dans le bateau pendant six heures environ. Cette durée, pourrait être certainement prolongée par un artifice que nous avons vu fonctionner à Paris il y a quelques années; si l'on remarque que dans l'acte de la respiration, l'oxygène de l'air (qui en forme les $21/100$), est transformé en acide carbonique et que l'azote ($79/100$) joue simplement le rôle d'un diluant qui repasse sans s'altérer, il est clair qu'on pourra maintenir la pureté d'un air confiné, dans lequel respirent une ou plusieurs personnes, en absorbant l'acide carbonique, ce qui est facile; et en remplaçant l'oxygène à l'aide soit d'une provision de ce gaz préparée d'avance, soit d'un dégagement résultant d'une décomposition chimique. Cela n'offre pas de difficulté, et nous avons vu un scaphandre, muni d'un dispositif spécial, tenu secret, mais aisé à deviner, rester assez longtemps sous l'eau sans que la moindre bulle d'air vînt crever à la surface et trahir l'exhalation des gaz de la respiration.

Ce procédé mériterait d'être appliqué sur le bateau sous-marin.

En résumé, on voit que le navire de M. Nordenfeldt ressemble beaucoup à une torpille Whitehead qui serait maîtresse de son mouvement. A supposer qu'après de nouveaux essais, le problème de la navigation sous-marine fût complétement résolu, faut-il en conclure qu'il en résulterait une véritable révolution dans la tactique navale? Alors que l'invention des torpilles a bouleversé de fond en comble toute la stratégie maritime, sommes-nous à la veille de voir devenir inutiles les dépenses formidables que les budgets des diverses nations ont eu à supporter pour la rénovation de leur outillage, avant même que les théories et le matériel nouveaux aient pu être soumis à l'épreuve redoutable d'une guerre entre deux puissances maritimes européennes?

Après l'invention des torpilles Whitehead, lancées à distance, les gros cuirassés étaient déjà menacés, mais encore pouvaient-ils se protéger ou se défendre, soit en s'entourant d'un immense filet à mailles d'acier, soit en prévenant l'attaque par un puissant éclairage électrique permettant de découvrir les torpilleurs ennemis. Encore pouvaient-ils compter sur les déviations de marche qu'éprouvent toujours les torpilles, sur les erreurs de lancement. Mais qui les garantira désormais contre les attaques d'un bateau pouvant se diriger sous l'eau à volonté et venir à quelques mètres de leur carène choisir avec précision et en toute sécurité le point où il ouvrira la blessure mortelle !

On peut se rassurer en songeant que le bateau sous-marin est, quant à présent du moins , de dimensions qui le rendent relativement peu maniable ; nous avons vu qu'il ne mérite qu'à demi son nom de sous-marin. D'ailleurs, a-t-on réfléchi aux difficultés qu'il aura à trouver sa route en eau profonde, si on réussit à l'y faire descendre, en raison de l'obscurité qui règne au-dessous de la surface ? La solution de M. Nordenfeldt n'est pas décisive ; mais au train dont marchent les inventions , il serait bien téméraire d'affirmer qu'elle ne le sera pas devenue avant quelques années.

*
* *

Par un coïncidence assez bizarre , les expériences faites à Paris à l'aide du ballon militaire dirigeable des capitaines Renard et Krebs se sont poursuivies à peu près simultanément avec celles de M. Nordenfeldt. Plus heureux que ce dernier, les officiers français paraissent avoir complétement réussi. Leur dernière ascension a eu lieu il y a quelques semaines, à peu près en même temps que l'essai de Landskrona.

Ici, les conditions nécessaires au succès sont

plus nombreuses, car, dès l'abord, le problème se présente avec deux éléments contraires : la nécessité d'une force ascensionnelle considérable entraînant un grand volume pour le ballon, et la nécessité d'une surface aussi réduite que possible, afin de donner peu de prise au vent.

Dans un air calme, la direction des ballons est chose facile ; mais comment, en n'ayant d'autre point d'appui que l'air lui-même, résister à l'effort d'entraînement d'un courant ayant seulement une vitesse de quelques mètres par seconde.

La forme qui permet de donner une prise minima au vent étant trouvée, la difficulté principale consistait à choisir un générateur d'énergie donnant beaucoup de force sous un faible poids. Ce merle blanc de la mécanique, a-t-on réussi à le découvrir? Ce qui est certain, c'est que MM. Renard et Krebs emploient une pile électrique dont la construction et les éléments sont tenus secrets et qui remplit dans une mesure suffisante le désidératum du problème. Elle est probablement d'un entretien et d'un prix initial coûteux ; mais, en matière militaire, le prix est secondaire, sinon négligeable.

MM. Renard et Krebs en sont à leur quatrième grande ascension ; dans la dernière, ils ont pu évoluer à leur gré dans une atmosphère d'une tranquillité relative et revenir avec précision à leur point de

départ. Grâce à eux, en moins de deux années, la
direction des ballons a cessé d'apparaître aux yeux
du public comme une pure chimère. Nous pouvons
espérer voir, dans quelques années, cet intéressant
problème sortir de sa phase scientifique et entrer
dans le domaine de la pratique.

En attendant, un ingénieur industrieux, M. La-
chambre, a imaginé de construire un petit ballon
dirigeable qui peut servir à la démonstration amu-
sante des propriétés du grand aérostat de MM. Renard et Krebs.

C'est un petit ballon en forme d'œuf, pointu aux
deux bouts, gonflé d'hydrogène. L'organe moteur
est formé d'une série de fils de caoutchouc qu'on
tord avec une crémaillère et qui, en revenant à leur
position primitive, donnent le mouvement à une
petite hélice légère placée à l'avant. A l'arrière est
une petite voile formant gouvernail dont la position
peut être fixée de manière à imprimer au ballon un
mouvement circulaire. Un petit sac reçoit le lest.

Ce charmant appareil peut tourner en cercle pendant 3 ou 4 minutes ; il donne très bien l'idée du
fonctionnement des grands aérostats et constitue un
jouet scientifique fort intéressant.

*
* *

Les ingénieurs américains nous ont souvent étonnés par l'audace et l'originalité de leurs conceptions, en voici une qui ne laisse rien à désirer à ce double point de vue. Ce n'est rien moins qu'un projet de chemin de fer destiné à transporter les navires du golfe du Mexique à l'océan Pacifique, à travers l'isthme de Tehuantepec.

Au point de vue des Etats-Unis, cette solution a, sur celle que M. de Lesseps a préconisée et mise en œuvre, l'avantage, d'abréger les routes maritimes de New-York aux différents ports du Pacifique. L'économie de distance est de 1,351 milles pour Hong-Kong, — de 761 milles pour Melbourne, — de 1,163 milles pour San-Francisco. — Elle aurait, d'après son auteur, l'avantage de l'économie, car l'entreprise ne coûterait que 375 millions. Elle éviterait aux steamers la traversée de la mer des Caraïbes où la navigation est souvent difficile. Enfin, la traversée de l'isthme, dont la largeur est de 231 kilomètres, n'exigerait que quinze heures, tandis que la navigation dans le canal de Panama prendrait deux jours au moins.

Le projet se présente donc avec une supériorité apparente, à une seule condition, c'est qu'il soit pratique ; et, au premier abord, son étrangeté dispose à en douter. Cependant, son auteur, M. Eads, n'est pas un rêveur, un ingénieur sans expérience, à l'imagination désordonnée. On va en juger par quelques détails sur son intéressante personnalité. M. Eads n'est plus un jeune : il est né en 1820 dans un village de l'Etat d'Indiana. Il s'est formé lui-même à une rude école, comme employé dans les Compagnies de navigation du Mississipi. La guerre de Sécession lui fournit l'occasion de faire connaître ses capacités d'ingénieur de constructions navales ; mais ce qui le mit hors pair, c'est la construction d'un pont sur le Mississipi dont les trois arches ont 160, 170 et 180 mètres. Ce pont, qui n'a pas coûté moins de 6,536,720 dollars, a été livré à la circulation en juillet 1874, après sept ans de travaux.

Le dernier travail considérable auquel s'est livré M. Eads est la régularisation des bouches du Mississipi. Il a eu pour conséquence de faire passer le

La voie ferrée projetée se composerait d'une série de sections rectilignes raccordées par des plaques tournantes. Le chariot porteur, dont il sera question tout à l'heure, ne pourrait, en effet, s'engager dans des courbes. Les plaques tournantes consistent en de grands pontons flottant dans de véritables bassins. Au moment où le navire porté sur son chariot arrivera au bord du bassin, on immergera le ponton jusqu'au moment où ses voies seront au même niveau que les voies de terre. Le navire pourra alors être amené sur le ponton qu'on fera flotter de nouveau en épuisant l'eau contenue dans son intérieur. On conçoit qu'il sera ainsi plus facile de faire tourner tout le système de manière à l'amener en présence de la seconde voie. Arrivé là, on fera de nouveau plonger le ponton en le laissant se remplir d'eau jusqu'à ce qu'il repose sur le fond de la fosse, ses voies et les voies de terre étant de la sorte au même niveau, de manière à permettre la sortie de tout le système.

Une autre partie délicate du projet est l'amenée du navire sur son truck porteur et sa remise à flot aux deux extrémités du chemin de fer. On y arrivera, dans le premier cas, en conduisant le navire dans un dock spécial dont le fond sera occupé par un ponton surmonté du chariot porteur. En épuisant, à l'aide de pompes, l'eau contenue dans le ponton, il se soulèvera peu à peu jusqu'à venir présenter le chariot sous le navire. En continuant l'épuisement, on l'élèvera jusqu'au niveau des voies de terre. L'opération inverse s'opérera lors de la remise à flot du navire.

La voie ferrée n'est pas unique; d'après le modèle exposé à Londres, elle se compose d'un ensemble de trois voies parallèles, sur lequel repose le truck porte-navire, composé d'une série de poutres en fer reposant sur de nombreux petits chariots à quatre roues. Dans le modèle du truck, il n'y a pas moins de 90 petits chariots, soit 360 roues, de façon à répartir la charge du navire sur un grand nombre de points. En outre, la partie centrale du chariot est disposée de façon à présenter un ensemble de pièces servant à étançonner le navire. En réalité, le projet d'exécution serait assez différent du modèle, qui n'est que démonstratif; un steamer pesant environ 18,000 tonnes au maximum et chaque roue porteuse ne pouvant avoir une charge de plus de cinq à six tonnes, on peut se rendre compte que le nombre des voies et des roues serait sensiblement plus grand que celui qui est indiqué ci-dessus. Quant au mode de traction, il consisterait en une vingtaine de locomotives attelées de part et d'autre du chariot.

Cet exposé rapide laisse deviner que, dans l'exécution pratique, les difficultés seront nombreuses et que les problèmes à résoudre surgiront à chaque instant. Ils n'ont cependant pas paru insolubles à un certain nombre d'ingénieurs éminents, anglais et américains, qui, appelés à donner leur avis, l'ont donné absolument favorable au point de vue technique.

Toute la question se résume donc à savoir si l'exécution du chemin de fer de Tehuantepec se présente avec tous les caractères d'une opération commerciale avantageuse, et si le capital énorme qui sera engagé dans cette affaire peut être rémunéré par un trafic suffisant.

En 1870, M. Josepn Nimmo, chef du bureau des statistiques des Etats-Unis, estimait à environ 3 millions de tonnes le transit d'un des côtés de l'isthme à l'autre. En 1883, il s'était élevé à près de 5 millions de tonnes, de sorte que si la progression se maintient, on peut espérer qu'en 1889 le transit sera de plus de 7 millions de tonnes. Si les frais divers de l'entreprise sont estimés à 40 0/0 des recettes brutes et le capital à 375 millions de francs, un droit de 10 fr. sur un transit de 6 millions de tonnes suffirait à assurer au capital un intérêt de 9.6 0/0.

Mais cette évaluation ne tient pas compte de l'ouverture du canal de Panama, qui a sur le chemin de fer de Tehuantepec une avance de plusieurs années, et qui finira bien par se faire ; les deux entreprises, si elles existent un jour simultanément, se partageront le trafic et se le disputeront à coup de réductions de tarif. En outre, est-il bien certain que le prix de revient du chemin de fer porte-navires ne s'élèvera pas à plus de 375 millions? On sait quelle marge d'imprévu il faut se réserver dans l'exécution des travaux les plus ordinaires, et certes, si celui-ci pèche par un défaut, ce n'est pas sur le manque d'originalité et de nouveauté. L'exécution du canal de Panama donne en ce moment la mesure des difficultés de toute nature que rencontrent des entreprises aussi considérables. Il faudra donc probablement affecter toutes les prévisions du projet de M. Eads d'un fort coefficient d'augmentation du côté des dépenses ; et, bien que l'argent américain ait toutes les audaces, nous ne pouvons pas supposer qu'il s'engage à la légère dans une aventure industrielle aussi grosse d'aléas.

L'avenir nous fixera à cet égard. Quoi qu'il arrive, le projet est grandiose; il emprunte à la personnalité de son auteur un caractère de sérieux qui manque le plus souvent aux tentatives analogues, et il méritait d'appeler l'attention non seulement des savants et des ingénieurs, mais de tous les citoyens francais qui sont plus ou moins engagés, d'honneur ou d'argent, à la réussite de l'œuvre concurrente de M. de Lesseps.

CHAPITRE XIV

Le transport de la force par l'électricité. — Expériences de M. Marcel Deprez entre Paris et Creil. — Le rendement est indépendant de la distance. — Signification de ce principe. — 50 chevaux dans un fil conducteur. — Les forces hydrauliques : Bellegarde. — Le Niagara. — Portée pratique des expériences de M. Marcel Deprez dans le présent et dans l'avenir.

Nous avons expliqué, il y a quelques mois, le principe des expériences de transport de force à distance que M. Marcel Deprez a préparées entre Paris et Creil, avec le concours financier de MM. de Rothschild et de quelques autres mécènes de la science.

Cette préparation a été de longue durée, car il a fallu construire de toutes pièces un matériel nouveau et compter avec les mécomptes inséparables d'une tentative sans précédent. Enfin, le 20 octobre, la série des essais a pu *entrer dans* sa phase décisive Le moment est donc venu de les faire connaître avec quelques détails.

Le programme comportait primitivement le transport de cent chevaux de force de Creil à la gare de la Chapelle, à travers une canalisation électrique formée par un câble de bronze silicieux, d'une section équivalente à celle d'un fil cylindrique de 5^{mm} de diamètre. Ce câble, formant un circuit complet, a une longueur de 112 kilomètres, soit deux fois la distance des stations. Sur la plus grande partie de sa longueur, il est recouvert d'une enveloppe isolante, protégée elle-même par un tube de plomb. Il est supporté par une série de poteaux télégraphiques à la manière des lignes ordinaires en fils de fer. Il contient un poids d'environ 20,000 kilos de cuivre.

Les deux machines, *génératrice* et *réceptrice*, placées aux deux extrémités, sont des machines dynamo-électriques du type Gramme modifié par M. Marcel Deprez et construites, la première par la maison Breguet, la seconde par la maison Mignon et Rouart. Ces machines ont été substituées récemment à deux autres dynamos plus puissantes qui correspondaient au programme primitif, et qui ont dû être remplacées à cause de certains vices de construction. Elles sont d'un modèle plus petit et ne permettront guère que le transport d'une cinquantaine de chevaux.

La force initiale est fournie par une locomotive qui joue ici le rôle que jouerait en pratique la force motrice naturelle, la chute d'eau, à laquelle on emprunterait une partie de sa puissance pour la transmettre à distance.

Cette locomotive met en mouvement la machine génératrice qui devient productrice de courant. Ce courant, lancé dans la ligne, arrive à la machine réceptrice, et, en vertu de sa réversibilité, la met en mouvement. Celle-ci devient ainsi, à son tour, un organe moteur, auquel on peut emprunter la force dont on a besoin.

Le critérium d'une telle expérience est évidemment le rendement du système. La génératrice absorbe, par exemple, cent chevaux au départ. Quelle est la force maxima qu'on recueillera sur l'arbre de rotation de la réceptrice? De la valeur de ce rendement dépendra la valeur du système de transmission.

M. Marcel Deprez a, le premier, formulé ce principe, paradoxal au premier abord, que *le rendement est indépendant de la distance*, c'est-à-dire qu'on peut le maintenir au même taux, quelle que soit la distance; cela, bien entendu, en modifiant les conditions de l'expérience; c'est-à-dire, en augmentant la force électro-motrice de la génératrice.

Un exemple cité par M. Joseph Bertrand, de l'Institut, permet d'expliquer par analogie ce que cette définition peut avoir de vague et de peu compréhensible :

« Une locomotive, dit-il, parcourt en un quart
» d'heure la distance de Paris à Saint-Cloud. Est-il
» possible, avec la même machine, d'aller de Paris
» à Versailles dans le même temps? Rien n'est plus
» facile, peut-on dire : chauffez plus fort et doublez
» la vitesse. C'est de la même manière, à peu près,
» que la force peut se transmettre à cent kilomètres
» aussi aisément qu'à mille mètres; il suffit de dé-
» cupler la force électro-motrice. »

Il est clair que, dans l'un et l'autre cas, il y a des
limites qu'on ne saurait impunément franchir. Si par
un chauffage de plus en plus énergique on augmente
la pression de la vapeur d'eau, il arrivera un moment où on ne pourra plus continuer sans danger
de faire faire explosion à la chaudière. De même
pour la machine dynamo-électrique. Si par une
vitesse croissante on augmente la force électro-motrice, ses organes finiront par ne pouvoir résister à
l'action destructive de la force centrifuge, en même
temps que la tension de l'électricité percera les iso-
lateurs des fils. Aussi doit-on prudemment se tenir
au-dessous d'une force électro-motrice extrême et
veiller à ce que les dynamos soient construites, en
toutes leurs parties, avec un soin très minutieux.

On a toujours eu très grand'peur des forces élec-
tro-motrices élevées; outre les inconvénients qu'elles
peuvent présenter pour la durée des dynamos, elles

sont dangereuses pour les personnes appelées à les conduire. La foudre n'est autre chose que de l'électricité à très haute tension, et l'industrie électrique a déjà son martyrologe. Pendant longtemps on a considéré comme prudent de ne pas produire des courants ayant plus de 200 volts. (Nous citons le nombre et l'unité de force électro-motrice, quoiqu'il soit assez difficile de la définir ici.) On jugera, par comparaison de l'audacieuse initiative de M. Deprez, quand nous aurons dit que dans les expériences de Creil cette force électro-motrice est annoncée par M. Marcel Deprez comme devant être près de cinquante fois plus forte et atteindre 10,000 volts.

C'est grâce à cette puissance électrique que le transport de la force par l'électricité peut être effectué dans des conditions pratiques et que M. Marcel Deprez a pu résoudre cet important problème de faire passer 35 chevaux de force par un fil conducteur à peine gros comme un crayon. C'est là un résultat philosophique considérable et qui mérite la sérieuse attention des esprits réfléchis.

*
* *

Cette grande expérience a été préparée, depuis bientôt dix-huit mois, par M. Marcel Deprez et ses

ingénieurs avec le concours de la Compagnie des
chemins de fer du Nord. M. Sartiaux, sous-chef de
l'exploitation, et M. Eugène Sartiaux, chef du service télégraphique, auront leur part dans le succès,
comme ils ont eu leur part dans les difficultés pratiques de l'organisation de ces essais qui sont venus
ajouter un élément délicat à leurs fonctions habi-
tuelles.

A la première série d'essais du 21 octobre, on a
placé les deux machines électriques côte à côte dans
le circuit général. Ce ne sont pas, il est vrai, les
conditions définitives, mais au point de vue du résultat c'est à peu près la même chose, et on a
l'avantage d'avoir les deux appareils simultanément
sous les yeux.

Dans cet essai, la vitesse de la machine génératrice a été progressivement augmentée jusqu'à donner une force électro-motrice de 5,500 volts et absorbant une force de 62 chevaux; la génératrice en
a restitué 35,80, ce qui correspond à un rendement
de 48 0/0.

En même temps, on a constaté que la ligne ne
s'était pas sensiblement échauffée, ce qui aurait cor-
respondu à une absorption de force assez considérable. En fait, la perte due à la résistance de la ligne
n'a été que de 7 chevaux et quart.

Ces résultats ont été communiqués à l'Académie

des sciences, dans sa séance du 26 octobre dernier.

*
* *

Ce n'est là qu'une première série dans les expériences diverses qui vont être maintenant entreprises. Les machines vont être placées dans leur position définitive, et une commission composée de savants et d'ingénieurs sera appelée à en suivre le fonctionnement. Elle aura sans doute à contrôler des expériences nouvelles dans lesquelles la vitesse des machines dynamo-électriques sera graduellement augmentée jusqu'à la limite supérieure de dix mille volts que M. Marcel Deprez se propose d'atteindre, de façon à répondre aux conditions actuelles du transport de force, c'est-à-dire cent chevaux absorbés par la génératrice et cinquante disponibles sur l'arbre de la réceptrice.

Elle aura également à vérifier, par un examen d'une assez longue durée, comment se comportent les machines électriques travaillant à une pression qui n'a jamais été atteinte jusqu'à ce jour.

La commission aura ainsi à juger à la fois les résultats techniques et industriels de cette belle expérience qui a été attendue avec une impatience légitime par tous les ingénieurs.

Dès à présent, sans attendre une suite d'essais qui ne peut aujourd'hui tarder, et dont on peut se permettre d'escompter la réussite, quelles sont les conséquences scientifiques des expériences de Creil ?

Elles prouvent, tout d'abord, qu'on peut, sans grand danger, faire fonctionner les machines dynamo-électriques à des tensions considérables. Sans dire qu'on a réussi à canaliser la foudre, ce qui serait plus poétique qu'exact, on peut affirmer qu'on est en train d'approcher de ce résultat, puisque la tension de l'étincelle électrique atmosphérique est évaluée à environ 40,000 volts. En outre, elles fixent les conditions techniques dans lesquelles on peut effectuer le transport de la force par l'électricité. C'est la première fois que l'expérience a pu être faite à pareille échelle.

Quant aux conséquences industrielles et commerciales, elles doivent être analysées d'un peu plus près.

*
* *

Les forces que l'industrie emploie sont principalement : la vapeur provenant de l'ébullition de l'eau produite par la combustion du charbon et la vitesse des cours d'eau.

La houille est transportable et peut être utilisée partout ; quant à la puissance motrice des rivières, elle doit être naturellement consommée à leurs abords.

Dans les pays producteurs de charbon, son prix ne s'élève à guère plus de 6 à 7 fr. les mille kilos, au puits d'extraction, sur le carreau de la mine, comme on dit. Dans les autres contrées, sa valeur intrinsèque disparait presque, à côté du prix de transport. On conçoit donc qu'il pourrait y avoir avantage, au lieu de transporter le charbon lui-même, à transporter la force qu'il développe en brûlant sur la grille d'une chaudière. Si, à la mine même, où il est abondant et ne coûte presque rien, on pouvait installer une énorme machine à vapeur et répartir sa force dans toutes les usines du pays environnant, il est certain que l'opération serait excellente, car la machine consommerait une quantité relativement très faible d'un combustible sans valeur, et l'on pourrait se donner le luxe de gaspiller 50 0/0 de la force produite à si bas prix.

De même, si on pouvait capter une chute telle que le Niagara, qui contient dans les bouillonnements de ses eaux la puissance énorme de sept millions de chevaux-vapeur et transporter une partie de cette force à une certaine distance, le résultat serait aussi beau commercialement que scientifiquement.

C'est là un rêve auquel on peut s'abandonner et dont on peut annoncer la prochaine réalisation, pour peu qu'on ait l'imagination ardente et une certaine tendance à l'optimisme.

En réalité, il ne faut pas se laisser prendre à d'aussi séduisantes illusions.

Si l'on considère les résultats de l'expérience de M. Marcel Deprez comme définitivement acquis, encore que la sanction d'un fonctionnement de durée suffisante leur fasse défaut, on doit en conclure qu'un centre de production dynamique, quel qu'il soit, peut alimenter des usines dans un rayon d'une cinquantaine de kilomètres et leur transmettre la force à 50 0/0 de perte.

C'est une surface de 7.850 kilomètres carrés, supérieure à la superficie de la plupart des départements de la France, qu'on serait en droit de considérer comme pouvant être théoriquement tributaire d'une grande usine motrice centrale. Dans l'expérience actuelle, si on suppose cette usine à la gare du Nord, son cercle d'action s'étendrait jusqu'à Creil, Meaux, Crécy-en-Brie, Melun, Étampes, Rambouillet, Montfort-l'Amaury, Mantes.

L'étendue de cette zone pourrait être augmentée soit par l'emploi d'une force électro-motrice supérieure, soit par l'emploi d'un câble conducteur plus gros. La première modification est peut-être possible, mais un excès de force électro-motrice aurait ses dangers ; la seconde entraînerait un accroissement sensible de dépense.

Tenons-nous en donc aux résultats acquis, et examinons dans quelles conditions ils permettront de faire du transport de force véritablement industriel et économique.

*
* *

On a pu lire un certain nombre d'articles de journaux quotidiens où la question a été traitée superficiellement avec plus de zèle laudatif que de véritable compétence. Presque toujours les rédacteurs de ces articles, peu familarisés avec ces études, se sont étendus sur le thème des forces gratuites de la nature, des chutes d'eau du Niagara et autres, distribuées en menue monnaie à la surface de tout un grand pays. C'est aller un peu vite en besogne.

Et tout d'abord, il faut s'entendre une bonne fois sur cette épithète de gratuite dont on qualifie fort inexactement un certain nombre de sources naturelles, les cours d'eau par exemple. A bien considérer, toutes les forces sont gratuites. La houille ne l'est-elle pas, elle qui, produite par l'action combinée du soleil et de l'humidité, dort depuis des milliers de siècles dans les entrailles de la terre ? Elle l'est au même titre que le cours d'eau, formé gratuitement par l'action du soleil, des nuages, des pluies et des glaciers. Mais, d'une part, il faut extraire le charbon des couches profondes où il est amoncelé ; de l'autre il faut approprier les rivières, les canaliser, les aménager ; c'est là, des deux côtés, la source de dépense, variable suivant les cas.

Prenons, entre autres, un exemple de force motrice hydraulique.

Tout le monde connaît le centre industriel créé autour de Bellegarde, au moyen de la perte du Rhône. L'aménagement de cette force gratuite a coûté tellement cher que l'affaire se débat depuis des années sous la menace d'une mise en liquidation permanente.

Il y a là des travaux considérables prévus pour l'emploi de 10,000 chevaux de force, qui ont coûté en canaux de dérivation, bassins de prise d'eau, digue, tunnel, etc., 1 million 70,000 francs, non compris la dépense relative à l'achat des terrains, qui a été de 950,000 francs.

Trois turbines de 630 chevaux chacune sont installées, ci : 340,000 fr. Et, sur cet ensemble, 900 chevaux seulement sont utilisés, de telle sorte que la part des frais afférents à la production de chacun d'eux est de 8,177 francs, alors qu'elle serait réduite à 650 francs si les 10,000 chevaux étaient employés.

Cette évaluation, qui résulte non de projets à exécuter, mais de travaux faits depuis plusieurs années, montre que le prix d'établissement d'une force hydraulique est à peu près égal à celui des moteurs à vapeur dans le cas le plus favorable et qu'elle le dépasse de beaucoup dans les conditions ordinaires.

Il est vrai que la dépense courante, celle qui est applicable à l'entretien du moteur hydraulique, à sa conduite, à son graissage, etc., est sensiblement inférieure aux frais analogues des moteurs à vapeur. A Bellegarde, elle est de 30,000 francs par an pour 900 chevaux. Une force motrice à vapeur de même importance coûterait annuellement plusieurs fois autant.

*
* *

L'aménagement des chutes du Niagara a fait récemment l'objet d'une étude approfondie de la part d'un ingénieur américain, M. Rhodes, qui en a communiqué les résultats à la Société américaine des ingénieurs civils. Divers travaux, actuellement exécutés, permettent de distribuer environ neuf mille chevaux aux usines installées dans le pays.

L'utilisation complète des chutes coûterait environ 3,500 francs par cheval et exigerait la dépense énorme de 25 milliards de francs ! En revanche,

M. Rhodes estime qu'elle donnerait sur l'emploi de la vapeur une économie de 1,400 millions par an.

Un projet analogue a été étudié pour l'utilisation du cours du Rhône, à Genève même, à sa sortie du lac Léman. Il comporte la production de 6,000 chevaux répartis en vingt turbines et deux périodes de travaux. Pendant la première, on ferait l'aménagement général de la rivière et on installerait six turbines; dans l'autre, on ferait l'installation complémentaire pour le reste des appareils.

Le prix d'installation du cheval-vapeur est estimé à 1,500 fr. pour la première période; à 470 fr. pour la seconde. En répartissant la dépense totale sur les 6,000 chevaux, chacun d'eux reviendrait à 650 fr. environ.

*
* *

Les trois exemples que nous avons choisis montrent dans quelles limites assez étendues peut varier le prix de premier établissement d'une usine hydraulique importante. Comme on le voit, il est au moins égal à celui d'une machine à vapeur de même puissance, souvent très supérieur; mais, en revanche, il est plus économique comme fonctionnement normal, une fois les premières dépenses soldées.

Quels éléments supplémentaires introduira le transport de force par l'électricité dans un rayon de 50 kilomètres, aux conditions techniques de l'expérience de Creil? Tout d'abord, le rendement n'étant que de 50 0/0, autrement dit, 50 chevaux sur 100 pris à la chute étant absorbés en pure perte par les machines électriques et la ligne, le prix de la force hydraulique initiale et de son entretien sera immédiatement doublé. Il faudra y ajouter celui des dynamos et de la ligne, ce qui conduira à une dépense initiale au moins quadruple de celle du moteur à vapeur.

Quant aux dépenses d'entretien, elles seront doublées à l'usine hydraulique, augmentées de la nécessité d'un double personnel aux deux extrémités de la ligne; mais, malgré cela, elles pourront être inférieures à celles du moteur à vapeur équivalent, si l'amortissement de l'installation n'exige pas une annuité trop considérable, et si les machines électriques et la ligne n'introduisent pas, au chapitre des dépenses d'entretien et de réparation, un élément de trop grande valeur.

*
**

En somme, d'après ces considérations, on voit qu'un transport de force, dans le programme des expériences de Creil, se présente comme une opé-.

ration industrielle de beaucoup plus coûteuse que l'achat d'un moteur à vapeur, mais pouvant présenter une véritable économie dans un fonctionnement de très longue durée.

La captation et l'appropriation des cours d'eau pour la répartition de la force à distance ne pourront donc être faites que par de très gros capitalistes et des Sociétés puissantes, et personne ne pourrait mieux mener à bonne fin une telle entreprise que le groupe puissant qui a patronné les expériences de M. Marcel Deprez, et en tête duquel brille le nom de MM. de Rothschild. Quant aux bénéfices à retirer de la diffusion de la force dans toute une contrée, ils se présentent, pour l'instant, dans des conditions d'aléas qui imposent une grande prudence d'appréciation.

Tout ce qu'on peut dire, c'est que les progrès faits dans les expériences de production et de transmission de l'électricité apporteraient de nouvelles chances de succès. Il n'est pas jusqu'à l'énorme dépréciation qui s'est produite depuis deux ans dans la valeur du cours des cuivres qui ne vienne modifier favorablement un des facteurs principaux de la transmission électrique.

La découverte de nouvelles mines de cuivre a diminué de près de moitié le prix de ce métal, en même temps que la perfection de nouveaux procédés de fabrication et de tréfilage ont permis d'atteindre les limites extrêmes de sa conductibilité. Encore quelques années, et peut-être l'emploi des bronzes et cuivres, qui ne coûte pas plus que celui du fer et de l'acier à conductibilité égale, coûtera-t-il infiniment meilleur marché.

En attendant, il faut espérer que le résultat scientifique des expériences de M. Marcel Deprez donnera un nouvel élan aux applications de transport de force par l'électricité, dans la sphère plus modeste où elles se sont tenues jusqu'à présent. Il y a dans ces applications, même restreintes, le germe de toute une rénovation économique. L'électricité seule, à l'exclusion de la vapeur, pourra, en effet, permettre l'établissement de la force motrice dans les maisons.

Dans les immeubles industriels, comme il en existe un certain nombre à Paris, elle permettra de supprimer la complication encombrante et coûteuse des transmissions par courroies et poulies, et de la remplacer avec énonomie et simplicité. Enfin, le transport de force a un avenir immédiat dans les grandes usines, où il rendra inutile le morcellement de la force motrice initiale. Déjà, il en a été fait de très intéressantes applications. Des appareils moteurs, g·ues, treuils, etc., empruntent leur mouvement à l'électricité.

C'est là, pour le moment du moins, le véritable domaine de cette application nouvelle de l'électricité, et le premier champ d'exploitation qui s'offre à elle. En attendant, les applications magistrales, telles que celles dont nous avons parlé plus haut, pourront être mûries, favorisées par de nouveaux progrès de la science qui n'a jamais dit son dernier mot ; et qui peut toujours être capable de réaliser le lendemain ce qu'elle a été impuissante à faire la veille.

CHAPITRE XV

Les événements scientifiques de ces dernières semaines nous donnent l'occasion de revenir sur un certain nombre de questions précédemment traitées dans ces causeries.

C'est, tout d'abord, l'intéressant problème de la direction des ballons. Il a fait l'objet d'une communication présentée par M. Ch. Renard à l'Académie des sciences, communication qui a eu les honneurs de la séance et la faveur, rarement accordée, d'une publication *in extenso* dans les comptes rendus.

Les ascensions faites les 22 août, 22 et 23 septembre, ont eu pour but principal l'essai d'un appareil destiné à mesurer la vitesse de déplacement de l'aérostat.

L'hélice propulsive était mise en mouvement par une petite machine dynamo-électrique de Gramme, tournant à une vitesse de 3,000 tours par minute, et donnant, sous l'action de la pile mystérieuse dont M. Renard fait usage, une force effective de 9 chevaux-vapeur.

L'appareil à mesurer la vitesse est une espèce de loch aérien formé d'un ballon en baudruche de 120 litres, rempli en partie de gaz d'éclairage, de façon à conserver dans l'air un équilibre absolu. Ce ballon est fixé à l'extrémité d'une cordelette en soie qui s'enroule sur une bobine, et dont l'autre extrémité vient s'enrouler autour du doigt de l'opérateur.

La bobine se déplace sous le plus léger effort. On conçoit donc que, si on note l'instant où le petit ballon est abandonné à lui-même et le moment où, par suite du développement complet du fil de soie, on sent un léger choc sur le doigt, on saura le temps qu'il a fallu à l'aérostat pour parcourir 100 mètres. Sa vitesse sera ainsi déterminée.

Après un premier essai, fait le 22 août, une ascension nouvelle eut lieu le 22 septembre. Le ballon partit de Chalais à quatre heures vingt-cinq par un temps brumeux, remontant le courant du vent qui avait une vitesse de 3 mètres à 3^{m}50 par seconde. A cinq heures, il atteignait la Seine près de l'île de Billancourt, et à cinq heures douze le bastion 65 de l'enceinte de Paris. A ce moment, M. Renard fit virer de bord, et le retour, aidé par le vent, s'effectua dans onze minutes.

Cette expérience fut répétée le lendemain devant le ministre de la guerre et le président du comité des fortifications, avec un succès égal à celui de la veille. Elle aura eu pour résultat de faire accorder au capitaine Renard l'autorisation de construire un ballon de dimensions plus considérables, et elle marquera ainsi une nouvelle étape dans l'étude de la navigation aérienne.

*
* *

Nous avons parlé, il y a quelque temps, d'un projet assez étrange ayant pour but l'éclairage de la route que les steamers parcourent sur l'Atlantique entre l'Angleterre et l'Amérique, et nous rappelions à ce propos l'étude plus rationnelle qui a été faite à la Compagnie du canal de Suez pour accorder aux navires le passage de nuit, en leur imposant d'éclairer eux-mêmes leur route, au lieu d'entreprendre la tâche coûteuse et difficile d'éclairer le canal par des foyers électriques placés sur les berges.

Ce projet vient d'entrer, depuis le 1er décembre, dans sa première phase d'application pratique.

Quant à présent, la navigation de nuit est donnée, entre Port-Saïd et le kilomètre 54, aux paquebotsposte et aux vaisseaux de guerre munis d'appareils électriques. La plupart d'entre eux en sont aujourd'hui pourvus, et il suffit d'un projecteur à l'avant, d'un projecteur à l'arrière et de deux feux de chaque côté pour que le navire puisse se déplacer en toute sécurité, en pleine lumière.

On conçoit aisément quel avantage ce régime nouveau donnera à la navigation, quand il sera généralisé et appliqué à l'étendue tout entière du canal.

*
* *

Une autre application industrielle, que nous avons fait déjà pressentir, vient également d'être inaugurée à Paris depuis le 1er décembre. C'est l'ouverture du service téléphonique entre Reims et la capitale par le système de M. Van Rysselberghe.

Il faut retenir cette date, qui marque l'origine de l'ère nouvelle des communications parlées, de ville à ville. Pour le moment, elles seront restreintes et assez coûteuses. D'une part, à Paris, les cabines téléphoniques du palais de la Bourse seront seules ouvertes à ce service ; à Reims, les bureaux téléphoniques publics et les postes particuliers, après autorisation spéciale, pourront communiquer avec Paris. Les provinciaux seront donc, jusqu'à nouvel ordre, plus favorisés que les Parisiens, mais ils seront tous égaux devant la taxe, relativement élevée, de un franc par communication de cinq minutes, acquise de droit à l'administration, même quand la personne appelée ne répondrait pas à l'appel qui lui est fait.

Cependant, si l'on songe à tout ce qu'on peut dire en cinq minutes et à la rapidité avec laquelle arrive la réponse, il est impossible de ne pas reconnaître que, malgré l'élévation du prix de début, le système de communications qui vient d'être inauguré constitue un grand progrès sur le mode télégraphique.

*
* *

L'éclairage électrique de l'Opéra a fait également, comme tous les sujets que nous venons de passer en revue, l'objet d'une chronique antérieure dans laquelle nous avons rappelé les essais qui ont été faits à diverses époques, et fait pressentir l'exécution d'une installation définitive. Elle est aujourd'hui inaugurée, et tout dernièrement, à la répétition du *Cid*, les privilégiés convoqués à cette solennité artistique ont pu voir les admirables panneaux de M. Baudry, débarrassés de la couche fumeuse qui les souillait, étinceler à l'éclat des 524 lampes Edison qui ornent les lustres du foyer.

Dans son ensemble, le nouvel éclairage comprend environ 2,000 lampes Edison, qui se substituent, avec excès de lumière, à un nombre égal de becs de gaz devenus inutiles sur les 4,500 qui se trouvent à l'Opéra.

Ces deux mille lampes électriques sont réparties dans le grand foyer et ses abords, sur les grandes torchères de l'escalier, sur les girandoles de la salle. Le grand lustre en porte 610, la rampe 120.

En outre, un certain nombre de lampes à arc voltaïque viendront associer leur lumière lunaire à la coloration chaude des lampes Edison, et former avec elles un mélange de teintes du plus heureux effet. Les unes sont des bougies Jablochkoff, disposées en couronne dans la corniche supérieure du grand escalier, de manière à éclairer les peintures du plafond. Les autres, régulateurs du type Pieper, sont placées derrière les colonnes de la grande loggia, de telle façon que de la place de l'Opéra il soit impossible de les apercevoir directement. L'œil percevra ainsi, en avant des étincelantes clartés du foyer, une suite de nappes lumineuses blanches encadrées par les sombres entre-colonnements de la loggia. Cet effet est absolument réussi.

Comme on le voit, une grande partie de l'édifice échappe encore à l'éclairage électrique. Cet éclairage a seulement pris possession de la partie accessible au public. La scène, le foyer de la danse, les couloirs et toute la partie réservée à l'administration conservent l'éclairage au gaz.

L'usine électrique qui alimente tous les foyers est placée dans les immenses caves de l'Opéra. Le monument est construit sur un étage inférieur, à l'épreuve de l'incendie, qui, pendant le siége de Paris, alors que la construction n'était pas complétement terminée, servit de dépôt de subsistances. Aujourd'hui, sous ces voûtes, où le regard distiguait à peine dans l'obscurité les calorifères et les interminables canalisations d'eau et de gaz, règnent le mouvement, l'activité et la lumière. Ce sont, dès l'entrée, trois chaudières inexplosibles Belleville. Plus loin, sur un massif élevé, deux admirables machines Corliss, de 150 chevaux chacune, qui font leur besogne sans bruit, avec une majestueuse lenteur et qui transmettent leur mouvement aux grandes machines Edison placées dans la nef voisine.

On aura une idée de l'importance de cet atelier souterrain lorsque nous aurons dit que, pour le service seul de la condensation des machines à vapeur, exigeant soixante mètres cubes à l'heure, il a fallu creuser dans la couche de béton qui supporte l'Opéra un puits de 36 mètres de profondeur.

Ce que coûte un tel ensemble d'appareils, il serait difficile de le dire. La Compagnie Edison a traité avec l'administration sur le pied du prix du gaz, et il est certain qu'elle n'aura pas fait une mauvaise affaire.

A priori, lorsqu'on n'est pas très familiarisé avec les choses industrielles, il semblerait que c'est une grande complication de créer de toutes pièces une usine semblable, alors que l'installation du gaz est une chose en apparence si simple. On oublie facilement que là-bas, dans les faubourgs, il y a des terrains considérables, couverts d'énormes cloches à gaz ; que sous le sol de Paris, dans des tranchées profondes, repose, sur des milliers de kilomètres, une canalisation dont le diamètre dépasse un mètre dans les conduites principales. Le spectateur, tranquillement assis dans son fauteuil d'orchestre, peut oublier aussi que, sous ses pieds, se prépare et se distribue l'électricité qui lui donne la lumière. Il oubliera aussi, car l'ingratitude est chose commune, que c'est à elle qu'il doit de respirer librement un air plus pur, d'être délivré de mortels courants d'air et de n'être plus distrait de sa béatitude par la sueur qui perlait sur son front lorsque le gaz déversait dans la salle sa lumière frelatée.

* *

Cette récapitulation, qui vient à propos à cette époque de l'année, montre qu'au point de vue des progrès scientifiques 1885 a dignement préparé la voie à 1886. De grands problèmes, posés depuis longtemps, paraissent être entrés, au cours des douze

mois qui viennent de s'écouler, dans leur phase
d'application pratique. Il nous suffira, pour nous
résumer, de rappeler la question du transport de
force par l'électricité, la navigation sous-marine, la
navigation aérienne, la téléphonie à grande distance,
et cette admirable découverte, que notre compétence particulière ne nous permet de citer qu'en passant, et qui consacre le droit de M. Pasteur au titre
de véritable bienfaiteur de l'humanité : la guérison
de la rage.

Une autre découverte scientifique, grosse de conséquences, mais encore restée jusqu'à ce jour dans
le domaine de la théorie et de l'hypothèse, vient également de faire un pas en avant.

La téléphonie nous a mis en possession d'un admirable instrument permettant la communication
directe par la voix à des distances qui vont en
augmentant graduellement. Elle devait, naturellement, du moment où elle a paru susceptible d'applications, conduire par analogie à l'étude d'une question non moins importante, celle de la *vision à distance.*

Puisque le son et la lumière se transmettent par
des vibrations, et bien que ces vibrations ne soient
pas du même ordre, n'est-il pas possible de produire à distance l'*impression de la rétine* comme
on obtient l'*impression du tympan?*

En un mot, n'est-il pas possible de combiner une transmission, une sorte de canalisation de la lumière, qui permette de voir en un lieu un phénomène qui s'accomplit en un autre lieu ? La chose a de quoi surprendre et peut paraître tout au plus digne d'un roman scientifique invraisemblable. Voilà cependant que ce roman tend à devenir une réalité.

Comme on pouvait s'y attendre, c'est aux Etats-Unis que cette étude est née, elle a donné lieu, il y a cinq ans, à la prise d'un brevet d'invention, qui est resté sans application, mais qui a défini et posé le problème. De là, toute une série de recherches encore peu connues, peu complètes et jusqu'à présent exclusivement théoriques ; car les appareils auxquels elles conduisaient étaient irréalisables.

Les premières applications étaient, en somme, fondées sur la photographie *à distance*, c'est-à-dire qu'à l'aide d'un courant électrique on pouvait arriver à produire *à distance* l'image d'un objet sur un papier chimique.

Ce n'est pas, à proprement parler, de la vision à distance. L'appareil qu'un Allemand, M. Nipkow, vient de réaliser dernièrement, paraît devoir, au contraire, reproduire exactement, comme dans un miroir, l'image de l'objet lointain. Je dis, paraît, car il ne nous est encore connu que par une description assez compliquée, et qu'on ignore s'il a déjà fonctionné. Ce qu'on peut dire, quant à présent, c'est qu'il est fort ingénieux et qu'il a de sérieuses chances de donner des résultats intéressants. Quoi qu'il en soit, d'ailleurs, il était utile de signaler à son aurore une merveille scientifique, certainement l'une des plus extraordinaires qui se soient jamais manifestées et dont on peut prédire la prochaine révélation.

280. — Poitiers, Imp. Générale de l'Ouest (BLAIS, ROY et Cⁱᵉ).

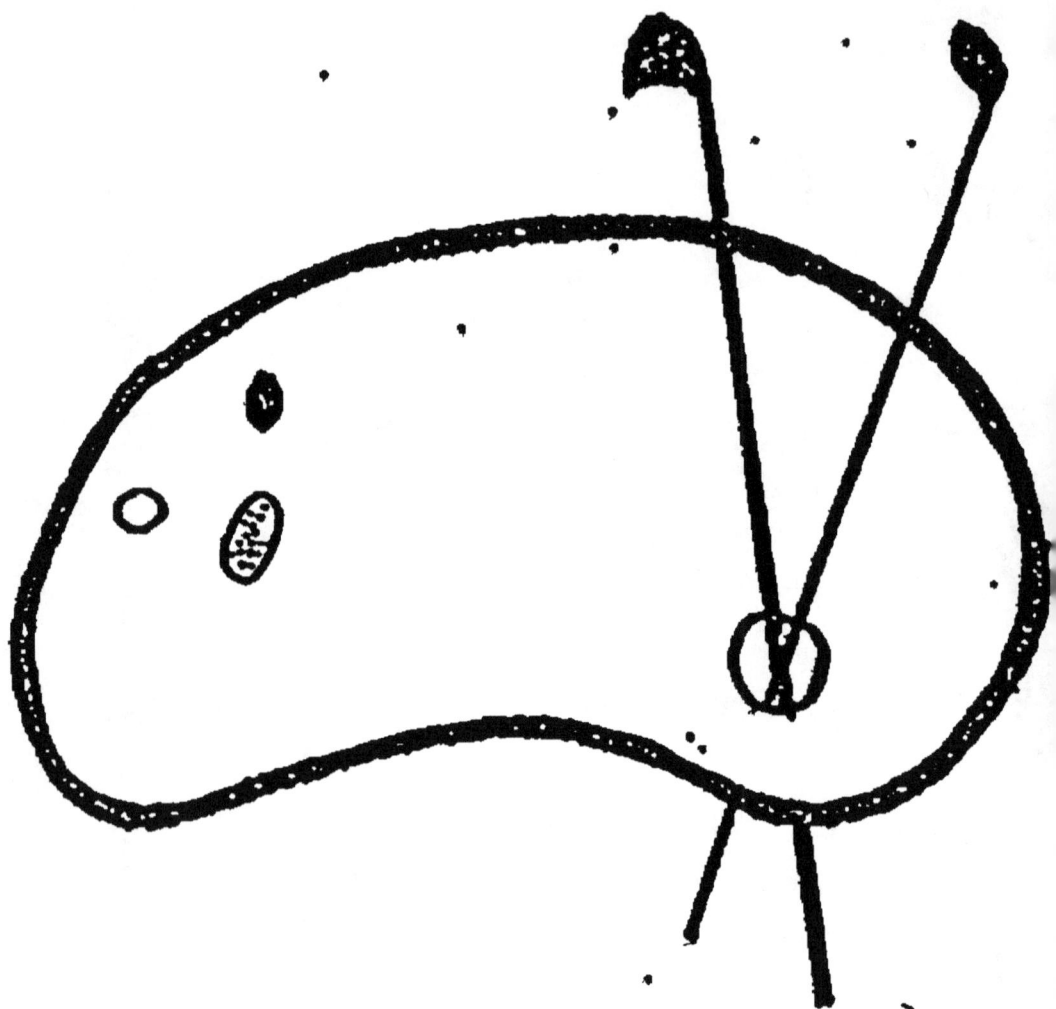

ORIGINAL EN COULEUR
NF Z 43-120-8